지식에서 재미까지, 교양으로 읽는 건축물

지식에서 재미까지, 교양으로 읽는 건축물

양용기 건축가의 영화 속 건축물

초판 1쇄 발행 2023년 11월 20일

지은이 양용기 **펴낸곳** 크레파스북 **펴낸이** 장미옥
편집 정미현, 박민정, 이희영 **디자인** 김문정 **마케팅** 김주희

출판등록 2017년 8월 23일 제2017-000292호
주소 서울시 마포구 성지길 25-11 오구빌딩 3층
전화 02-701-0633 **팩스** 02-717-2285 **이메일** crepas_book@naver.com
인스타그램 www.instagram.com/crepas_book
페이스북 www.facebook.com/crepasbook
네이버포스트 post.naver.com/crepas_book

ISBN 979-11-89586-69-0(03540)
정가 17,000원

이 도서의 국립중앙도서관 출판예정도서목록CIP은 서지정보유통지원시스템 홈페이지(http://seoji.nl.go.kr)와
국가자료종합목록 구축시스템(http://kolis-net.nl.go.kr)에서 이용하실 수 있습니다.

양용기 건축가의

영화 속 건축물

글 양용기

크레파스북

영화 속에 등장하는 건축에 담긴 의미

영화를 볼 때 흥미진진한 내용에 이끌려 그 밖의 주변 상황을 기억하지 못하는 일이 종종 있다. 그러나 영화감독은 잠시 스쳐가는 상황일지라도 충분한 분석을 거쳐 작중의 분위기나 주제를 전달하기 좋은 환경을 조성해 놓는다. 작품을 구성하는 모든 것은 내용에 맞게 설정되어 있기에 배경과 환경의 구성은 곧 재미와 연관된다. 영화를 보면서 주변 상황의 의도를 알 수 있다면 훨씬 더 많은 것을 이해하고 재미를 느낄 수 있을 것이다.

우리의 삶 속에 등장하는 많은 요소들은 처음에는 그 자체로 신기하고 반짝거릴지 몰라도 시간이 지나면 익숙해지고 어느새 시야에서 멀어진다. 그래서 창조자들은 작품이 눈에 띄고 기억되도록 만들기 위해 갖은 노력을 한다. 건축가 또한 이러한 노력을 아끼지 않는 창조자이지만, 건축물은 창조물이라기보다는 생활에 밀접한 필수적인 요소로 인식되는 경우가 많다. 건축물이 도시를 가득 메우고 자연 속에 인간적인 공간을 형성하면서 인간과 함께 발달해 오고 있음에도 말이다.

"아는 만큼 보인다."라는 말은 평범하지만 진리를 담고 있는 말이다. 하나의 작품을 평가하는 데 있어서 다양한 기준을 적용할 수 있다면 좀 더 객관적으로 작품을 감상할 수 있다. 건축물에 대한 지식이 없다면 대상의 어느 한 면만 보고 평가를 내리게 된다. 일반적인 형태에만 호평을 하거나, 때로는 일반적이지 않은 형태에만 괜찮은 점수를 부여하는 경우도 있다. 그러나 건축물은 때로 보이는 것 이상의 가치를 가지고 있다.

만약 건축에 대하여 조금이라도 관심을 가진다면 거리에 다양한 건축물이 있으며, 다양한 분야에 건축물이 중요한 요소로 등장하는 것을 알게 될 것이다. 대부분의 사람들이 시나리오와 배역이 중요하다고 생각하겠지만, 그 줄거리가 전개되는 배경 또한 관객에게 지대한 영향을 미친다. 그렇기 때문에 건축물에 대한 지식이 있다면 영상에서 얻는 가치는 더 높아질 것이다.

감독들이 한 장면의 배경을 위해 비싼 임대료를 감당하면서 유명 건축물을 섭외하는 경우가 많음에도 이를 알고 있는 사람은 많지 않다. 우리가 하나의 작품을 감상할 때 여기에 등장하는 다양한 요소들을 모두 놓치지 않는다면, 그것을 의도한 감독도 보람을 느낄 것이며 관객 또한 새로운 경험을 하게 될 것이다.

이 책은 어떤 영화에 어떤 건축물이 등장하였는지 소개하고 그 건축물을 설계한 건축가의 다양한 건축물과 함께 그 양식들을 소개하는 방식으로 서술했다. 그러면서 건축물을 감상하는 방법으로 그 건축물이 속해 있는 건축양식이나 관련된 건축물에 대한 소개도 실었다. 영화 속에 등장하는 건축물을 소개하려는 의도이지 줄거리를 누설하려는 것이 아닌 만큼, 가능한 영화에 관한 내용은 자제하려 했다.

• **일러두기**

본문에 수록한 사진들은 영화 배급사 등에서 제공한 스틸 컷과 포스터를 삽입한 것이며,
저작권은 해당 영화 제작사에 있다.
스틸 컷이 아닌 건축물 이미지는 이해를 돕기 위해 스톡 이미지 등을 사용하였다.

Contents

Chapter 01.

건축,
감독의 의도를
반영하다

부유함과 가난함을 드러내다
기생충

부와 권력을 모두 가진 공학자의 집
아이언맨

재벌이 사는 특별한 공간
시크릿 가든

섹슈얼 심벌로서의 건물
원초적 본능 2

보수적인 시대상을 담은 주택
사랑방 손님과 어머니

도시의 상징이 된 건축물
인터내셔널

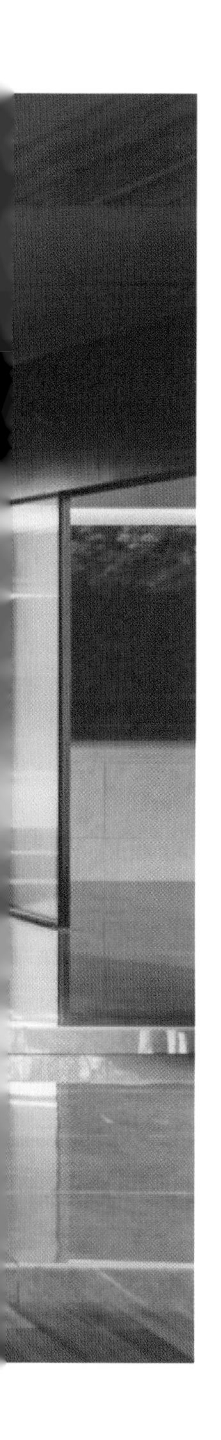

기생충(Parasite)

개봉일 2019.05.30.
장르 드라마
감독 봉준호

부유함과 가난함을 드러내다

기생충

영화 〈기생충〉은 감독의 상세한 의도를 정확히 파악하지 못하면 그 재미를 다 알 수 없다. 영화에 등장하는 건축물 또한 감독의 의도가 전적으로 반영된 것으로, 가난한 공간과 부유한 공간이 가진 차이와 그에 담긴 의도를 보면 감독과 더욱 교감할 수가 있다.

감독의 학창 시절과 20대 시절 가정교사로 일했던 경험은 지하 공간부터 정원이 딸린 부유한 공간까지 집 안 곳곳에 고스란히 녹아 있다. 그가 공간을 통해 보여주고자 한 것은 빈부의 격차이자 신분의 차이다. 이런 요소들은 두 공간의 배치와 계단, 높낮이 등을 통해 나타난다.

영화의 제목인 '기생충'이란 단어는 많은 생각을 하게 만든다. 기생충은 스스로 영양분을 섭취하지 못하고 숙주에 달라붙어 영양분을 흡수한다. 영화는 이러한 취지 속에서 숙주인 부잣집과 기생충으로 등장하는 주인공 가족 그리고 원래 달라붙어 있던 지하의 기생충을 등장시킨다. 부잣집의 주인이 숙주라면 주인공 가족은 기생충으로 그 집의 경제력에 의존하며 살고 있으며, 원래 이 가정에 있었던 기생충은 그보다 더 낮은 지하실에 숨어 산다. 서양의 영화라면 자주 올라가지 않는 다락방에 있었을 것을, 이 영화는 부엌 바닥보다 더 낮은 지하에 그들을 숨겨 놓았다.

공간에 대한 숙주와 기생충의 관계는 도시 공간을 조성하는 데 있어서도 적용될 수 있다. 대지가 숙주라면, 도시는 기생충이다. 모든 기생충이 숙주에게 해로운 것은 아니다. 도시가 대지에 달라붙어 이로운 역할을 하면 대지에 긍정적일 수 있다.

그러므로 도시는 대지에 달라붙어 이로운 역할을 하기 위해 노력해야 한다. 도시에는 또다시 인간과 건축물이라는 기생충이 있다. 건축물도 이로운 것이 있고 해로운 것이 있는데 그 기준은 바로 숙주가 되는 도시에 긍정적인 역할을 해야 한다. 여기서 중요한 요소가 바로 광장이다. 도시의 공간들은 대부분 특정한 기능을 수행하는데, 이 기능은 권력과 빈부의 차이 등에 따라 다르다. 그러나 도시의 광장은 이 모든 것을 극복하는 기능을 가지고 있다.

그래서 좋은 도시에는 반드시 광장이 있다. 광장은 도시를 숙주로 하는 좋은 기생충이다. 특별한 기능도 없지만 모든 것이 가능한 곳이기도 하다. 대부분의 건축물에도 광장과 같은 역할을 하는 공간이 있어야 한다는 의미이다. 건축물에서는 로비가 광장이고, 주거 공간에 있어서는 거실이 광장이라 할 수 있다. 광장이 없는 도시는 좋은 도시라고 할 수 없다. 광장은 모든 영역을 연결해 주는 기능을 하기 때문에 광장이 없으면 공간의 밀집 현상으로 인해 각 기능적 역할에 대한 장소 배치가 어렵다.

영화 속에서 대비되는 두 공간을 살펴보면 주인공 가족이 사는 가난한 공간은 거실과 부엌이 명확하게 구분되지 않는 반면 부자의 공간에는 거실의 소파가 넉넉한 공간을 차지하고 있음을 알 수 있다. 도시 또한 이러한 의도를 가지고 만들어져야 한다. 모든 건축물이 넉넉한 공간을 제공할 수 없겠지만 광장과 같은 도시민을 위한 영역은 도시가 세심하게 만들어 다양한 콘텐츠가 가능하게 해야 한다. 그래야 시민이 이끌어 가는 민주적인 도시가 된다. 그리고 광장 이외에도 산업 지역, 주거 지역, 생산 지역, 녹지 등 숙주가 살아가는 데 필요한 것들이 잘 기능하도록 도시 계획에 대한 마스터플랜이 존재해야 한다. 이는 신체가 건강하려면 각 신체 기능이 잘 작용해야 하는 것과 같다.

주인공 아버지가 아들이 처음 부잣집에 들어갈 때 말한 "넌 계획이 있구나."라는 대사와 홍수가 난 후 아버지의 "무계획이 계획이다."라는 대사는 가난한 공간과 부자의 공간을 말해주기도 한다. 잘 정돈된 공간에는 계획이 있다. 반면, 지하 공간은 계획대로 공간을 사용할 수가 없어 물건들이 어지럽게 널브러져 있다. 도시는 절대 이렇게 무계획적으로 만들어져선 안 된다. 가난한 자와 가난하지 않은 자 모두에게 공평해야 하는 것이 바로 도시 공간이다.

이 영화에는 계단이 유달리 많이 등장한다. 계단은 기능적인 면에서 수직적인 동선을 가능하게 만들어주는 요소이며, 건축적으로는 각각 다른 층을 연결하는 수단이자 공간의 분위기를 바꿔주는 중요한 요소이다. 화려한 공간을 연출하는 데 있어 계단의 역할은 매우 중요하다. 계단을 의도적으로 디자인하게 된 것은 르네상스 때부터다.

르네상스 건축가 중 독보적인 위치에 있는 건축가 발타자르 노이만은 독일 브륄에 아우구스투스부르크 성(Augustusburg Castle)을 설계하며 로코코 양식의 계단을 채용했다. 당시 대부분의 계단 난간은 석재로, 섬세함이 돋보인다. 계단 난간은 일부 계층을 위한 부조물로서만 사용되었지만, 이후 산업혁명과 함께 아르누보가 시작되면서 화려한 계단 난간은 클래식한 분위기를 보여주는 역할로 기능하게 되었다.

반면, 모던 디자인의 계단을 보자. 석재를 사용한 것은 같지만 난간이 존재하지 않는다. 그 사실만으로도 계단이 가져다주는 전체적인 분위기가 완전히 바뀌었다. 이렇게 계단은 수직 동선을 연결하는 기능도 있지만, 공간의 분위기를 바꿔주는 중요한 요소이기도 하다.

영화에는 대조적인 계단이 등장한다. 하나는 부자의 공간에서 위층의 다른 공간으로 향하는 계단이고, 하나는 반지하 집의 변기로 가는 계단이다. 하나는 모던한 분위기를 연출해 주지만 다른 하나는 고저차를 극복하는 기능 외에 어떤 것도 주어지지 않았다. 건축에서의 계단은 한 영역에서 다른 영역으로 이동할 때 공간과 공간을 이어주는 역할을 한다.

그런데 반지하 집의 계단은 같은 공간에서 이동이 발생한다. 공간이

독일 브륄, 아우구스투스부르크 성(Augustusburg Castle)
건축가 발타자르 노이만이 설계한 로코코 양식의 계단

난간이 존재하지 않는 모던한 디자인의 계단
난간은 공간의 분위기를 좌우하는 중요한 역할을 한다.

계단을 통해 빈부의 차이와 상승, 하강의 의미를 보여주고 있다.

협소하기 때문이다. 사회는 자유로운 선택이 보장되는 듯하지만 동시에 어떻게 할 수 없는 상황이 공존한다. 부잣집의 계단은 자유로운 선택인 반면 반지하 집의 계단은 어쩔 수 없는 상황임을 보여준다. 감독의 의도 또한 여기에 있다. 계단을 통해 빈부의 차이를 분명하게 보여준 것이다.

극 중, 반지하 집 창문에서 밖을 바라보는 주인공 아버지의 모습을 담은 장면이 있다. 아주 슬픈 모습이다. 허무함이 느껴지는 배우의 표정은 둘째 치고 인물의 위치가 길바닥보다 낮은 곳에 있어 더더욱 그렇다. 건축가로서 정말 안타까운 것은 창문 하부 프레임이 길과 같은 레벨에 있다는 것이다. 원래 주거용으로 만든 공간이 아니라 해도 이는 너무도 무책임한, 무지한 건축가의 작업이 아닌가 싶다. 하물며 주거용으로 만든 것이라면 이는 건축가가 했다고 믿기 어렵다.

건축 설계는 계획 단계에서 일어날 수 있는 모든 상황을 예측하여 이를 방지하는 작업을 한다. 그중 가장 염두에 두어야 하는 것이 바로 사생활 보호이다. 그래서 창문과 같은 요소는 모두 바닥에서 1m 이상 높이에 설치하며, 특히 주거용 창문은 외부 시야를 예상하여 설치한다. 또한, 침수를 예상하여 기본적으로 해야 하는 작업이 있다. 드라이존(Dry-Zone) 등을 설치해 배수를 원활하게 하고 빛도 내부로 들어올 수 있게 하거나 벽면에 인접한 대지의 높이보다 10~15cm 정도 높게 설치해야 한다.

그러나 우리나라의 도시에는 이러한 기술을 알기 전에 만든 건축물이 많은 만큼 이런 점들이 지켜지지 않은 건물이 많다. 건물을 지을 때는 창문 앞에 최소한 1m 정도의 담장을 쌓거나 펜스를 설치하는 것이 좋다. 건물 전체가 물에 잠기거나 1m 이상 물이 차는 경우에 충분한 대피 시간을 벌 수 있기 때문이다. 건물의 입구에 있는 계단의 높이도 대지보다 훨씬 높게 설치해야 물의 유입과 대피 시간을 벌 수 있다. 일반적으로 고지대 주택이 저지대보다 비싼 이유가 여기에 있다.

주거 공간에 지하 공간을 만드는 것은 1975년에 법으로 제정되었다. 이전에는 방공호로 사용하려는 목적이 주요했고, 층고의 3분의 2가 지표 아래에 있어야만 지하층으로 인정했다. 1980년대 초 지하에 거주가 허락되면서 다세대주택과 단독주택은 1984년부터 2분의 1만 지표 아래에 있으면 지하층으로 인정되었다. 이는 당시 주거용 건축물 대다수가 법에 저촉되는 상황이 발생하기에 현실적으로 개정한 것이다. 그러다 1999년 2월 8일부터 용도와 관계없이 모든 건축물을 지하 층고의 2분의 1만 지하에 있으면 지하층으로 인정하게 되었다.

과거에는 높이와 신분이 비례했다. 그래서 신전은 언제나 어떤 건물보다 높았고, 아직도 이탈리아에는 건축물이 성당보다 높으면 안 되는 건축법이 존재한다. 이 영화에 등장하는 공간들은 그러한 신분과 공간의 높이를 잘 보여주고 있는데, 부잣집의 바닥을 보면 부엌과 거실의 바닥단 높이가 조금씩 다른 걸 볼 수 있다. 이를 의도적으로 만들었는지 정확히 알 수는 없다. 그러나 바닥 레벨이 다르다는 것은 곧 눈의 높이를 다르게 하는 것이고 이는 곧 시각의 차이를 나타낸다. 이 세트장은 감독의 스케치에서 아이디어를 얻었다고 하는데, 바닥의 레벨처럼 상세한 표현은 우연의 일치라고 해도 대단한 감각이다.

반지하 집 창문에서 밖을 바라보는 주인공 아버지의 모습
아주 슬픈 표정이다. 허무함이 느껴지는 배우의 표정은 둘째 치고 인물의 위치가
길바닥보다 낮은 곳에 있어 더더욱 애잔하게 느껴진다.

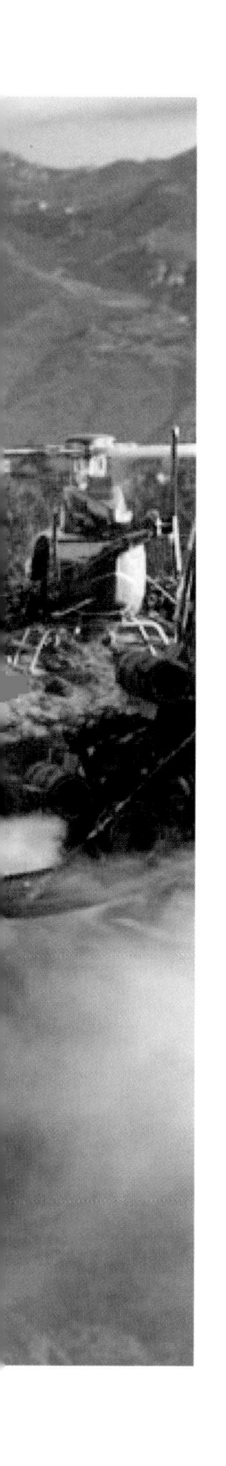

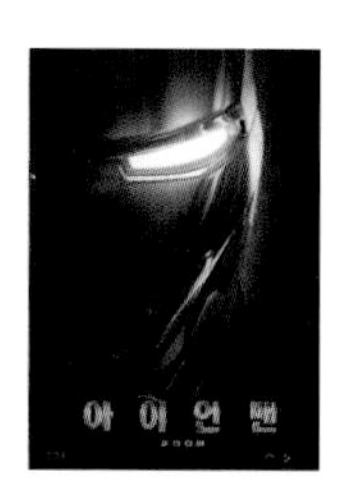

아이언맨(Iron Man) 1~3

개봉일 2008.04.30. / 2010.04.29. / 2013.04.25.
장르 SF, 액션, 드라마, 판타지
감독 존 파브로&셰인 블랙

부와 권력을 모두 가진 공학자의 집

아이언맨

2008년, 마블 스튜디오는 영화 〈아이언맨〉을 세상에 선보였다. 영화는 몇 세기는 앞선 것으로 보이는 최첨단 기술로 사람들의 시선을 빼앗았다. 그중에는 주인공 토니 스타크가 사는 저택이 있었다. 토니 스타크 하우스(Tony Stark's House)라고도 불리는 이 저택은 지금까지 보아 온 건축물의 형태와는 많이 다르다. 얼핏 보면 우주선과도 같은 형태이다.

감독은 아이언맨의 집으로 하이테크한 기술을 보여주는 새로운 건축물 형태를 주문했을 것이다. 건축 양식 중 하나로 존재하는 하이테크 건물을 생각해 봤으나 그것과는 달랐다. 하이테크는 첨단적인 기술과 재료가 형태에 나타나고 건축자

재의 새로운 발전을 위하여 건축물의 외부와 내부에 재료가 고스란히 보이도록 만들어진다. 과거에는 콘크리트를 많이 사용했던 것에 비해 알루미늄, 강철 또는 유리 등을 건축물의 많은 부분에 사용한다. 그러나 이 저택은 곡선의 형태가 각 공간에 따라 개별적인 원형의 건축 형태를 가지고 있다.

이 영화에서 건축물의 이미지가 주는 영향은 분명히 존재한다. 영화 속에서 어마어마한 부를 축적한 주인공의 지위를 한눈에 떠올리게 하며, 바다가 시원하게 보이도록 절벽에 놓인 이 저택의 경관은 건축에 아무런 관심이 없는 사람조차 시선을 사로잡게 할 만하다.

그러나 놀라움은 외부에서 끝나지 않는다. 이 저택의 멋진 외관은 그 자체로도 감동적이지만 내부 공간의 설계도 그에 못지않다. 탁 트인 전망을 감상할 수 있는 실내 공간, 미래 지향적 인테리어, 보안에서 조명에 이르기까지 모든 것을 제어하는 AI 자비스(JARVIS)를 통해 관리되는 최첨단 시스템과 미래 지향적인 실내 분위기, 안에서 바라본 바다 전망은 관객들을 그야말로 깜짝 놀라게 했다. 감독은 이 저택의 디자인을 주문할 때 억만장자의 맨션에서 기대할 수 있는 모든 호화로움을 보여주길 원했다. 디자인 과정에서 주인공의 의견을 반영하려고 많은 논의를 하였으며, 입구부터 아이언맨의 작업장 가장 깊숙한 곳까지 인테리어를 비롯해 획기적인 디자인 감각을 뽐냈다.

흥미로운 것은 차고와 작업장을 거실보다 3배 더 크게 만들었다는 사실이다. 이는 단순히 주인공의 재력을 과시하는 장소가 아니라 주인공의 캐릭터를 고려해 사소한 것 하나하나까지 신경 쓴 디자인임을 알 수 있다. 저택의 거실은 복도로 연결된 원형 방으로 구성되었는데, 천장부터 바닥까지 내려오는 대형 창문이 포인트 듐(Point Dume) 절벽 앞에 있는 태평양의 탁 트인 전망을 제공한다. 외부에는 첫 번째 수영장으로 이어지는 랩어라운드 테라스(Wrap-around Terrace)가 있으며, 두 번째 수영장은 체육관을 통해 접근할 수 있다. 마지막으로 콘크리트 소재의 원통형 계단을 통해 2층의 침실과 욕실로 이동하도록 계획했다.

토니 스타크 하우스는 실제로 존재할까?

토니 스타크 하우스는 〈아이언맨 3〉에서 작중 악역 만다린에 의해 파괴된다. 이 저택은 진짜일까? 아무리 제작비를 많이 투자했다 해도 이렇게 지어 놓고 파괴하는 것은 너무 과한 일이 아닌가? 당시 사람들은 이 저택이 진짜라고 믿었다. 당시의 컴퓨터 그래픽 수준을 보았을 때 가짜라고 보기 어려웠기 때문이다.

이 저택의 주소는 '클리프사이드 드라이브&버드뷰 애비뉴(Cliffside Dr&Birdview Ave, Malibu, CA 90265)'인데, 해당 장소는 캘리포니아 말리부 주립 공원에 있다. 이런 곳에 건축 허가를 받는 것은 일반인에게는 불가능한 일이다. 건축을 아는 사람이라면 영화를 보면서 이런 곳에 건축 허가를 내기가 어렵다는 것을 생각해 볼 수 있다. 또한, 구글 어스를 통해 확인해 보면 어떤 건축물도 보이지 않는다. 즉, 고도의 컴퓨터 그래픽을 사용해 만들어 낸 가상의 건축물이다. 그렇다면 이 건축물의 디자인은 완전히 독창적일까? 그렇지는 않다.

토니 스타크 하우스를 디자인하기 위해 참고한 건축물이 있다. '레이저 하우스(Razor House)'라는 이름의 맨션이다. 미국의 싱어송라이터이자 여배우로 활동하는 앨리샤 키스(Alicia Keys)의 집이다.

이 건축물은 건축 잡지 『아키텍처럴 다이제스트(Architectural Digest)』가 선정한 '100인의 디자이너' 중 한 사람인 월레스 E. 커닝햄(Wallace E. Cunningham)이 설계하였다. '레이저 포인트(Razor Point)'라는 지역명에서 이름을 따왔으며, 구조물의 한쪽 끝만 고정시키는 캔딜레버 구조 디자인이 특징이다.

레이저 하우스 또한 주인공의 저택과 마찬가지로 주립 공원 내 절벽에 있어 마찬가지로 태평양의 파노라마 전망을 제공한다. 제작진은 처음에 이 집을 그대로 사용하려 했으나, 영화 속 '억만장자' 토니 스타크의 집으로 보기에는 부족하다는 결론을 내려 이 집을 참고해 컴퓨터 그래픽으로 디자인을 했다.

비록 실존하지 않는 영화 속 건축물이지만 그 밑바탕에는 제작진의 많은 배려가 숨어 있다. 먼저 엄청난 부와 권력이 있지 않다면 건축 허가를 받을 수 없을 장소로 위치를 선택해 다양한 영화 팬의 눈을 만족시켰다. 이렇게 아름다운 곳이라면 텐트만 치고 있어도 좋을 것 같다.

태평양이 보이는 언덕에 걸친 건축물, 안에서 밖으로 보이는 전망은 누구나 꿈꾸는 장면일 것이다. 영화는 이를 관람객들에게 최대한으로 보여주려고 노력했다. 거실 한 가운데 아이언맨 슈트를 두지 말 것을 조언하는 반려자 페퍼 포츠의 모습에는 유리 밖으로 보이는 태평양의 경관을 조금이라도 가리지 않고 전하려는 연출자의 배려가 숨어 있다. 마블 스튜디오에서 주인공에게 딱 맞는 건축물을 영화 속에 구현하기 위해 얼마나 많은 공을 들였는지 짐작하게 하는 부분이다.

레이저 하우스(Razor House)
토니 스타크 하우스 디자인을 위해 참고한 건축물

시크릿 가든(Secret Garden)

방영일 2010.11.13.
장르 TV 드라마, 로맨틱 코미디, 판타지
연출 신우철, 권혁찬

재벌이 사는 특별한 공간

시크릿 가든

2010년 방영된 드라마 〈시크릿 가든〉은 많은 인기를 끌었다. 드라마는 어떤 배우가 나오는가도 큰 관심사지만, 배경 또한 인기의 요소가 되기도 한다. 원래 배경은 스토리의 성격에 따라 선택되는 부수적 요소에 가깝다. 그러나 우리가 현실에서 꿈꾸는 것을 잘 보여주는 배경은 드라마를 보고 싶은 이유가 되기도 한다. 이 드라마는 서로 너무나 다른 남자와 여자가 만나 사랑에 빠지고 꿈을 이루는, 어찌 보면 흔한 이야기 중 하나일지도 모른다. 그러나 그 흔한 이야기를 이루지 못한 사람이 아직도 많기에 이러한 스토리와 배경은 지금도 이야기의 좋은 소재로 사용되고 있다.

이 드라마에서 사람들의 꿈을 자극하는 요소로는 배경이 크게 작용한다. 건물의 외부를 보면 테라스, 나무와 풀 등으로 채워진 평화로운 건물 뒤 풍경이 보인다. 만약 이 건물을 다른 곳으로 옮기거나 내부에서 외부를 바라보았을 때, 녹음이 가득한 경관 대신 아파트 단지가 있다면 이미지는 분명 달라질 것이다. 드라마에 나오는 것처럼 건물을 설계한다 해도 느낌마저 같으려면 주변의 환경도 그에 걸맞아야 한다. 건물 그 자체의 형태만으로는 아름다운 건축물이 탄생하기 어렵다. 그래서 건축가는 건축물을 설계할 때 대지를 찾아가 살펴보고, 주변의 환경을 고려해 어떤 형태가 그곳에 잘 어울릴지 고민을 한다.

여러 장면이 촬영됐던 장소, 마임비전 빌리지

〈시크릿 가든〉의 흥행은 물론 좋은 스토리와 출연진의 인기에 있겠지만, 이 대저택이 가져다주는 배경의 매력 또한 큰 역할을 했다. 드라마의 흥행으로 인해 이 건축물이 '마임(Maiim)'이라는 기업의 연수원으로 사용되는 마임비전 빌리지(Maiim Vision Village)의 건물임을 이제는 누구나 알게 됐다.

마임비전 빌리지 연수원 건물의 가치를 따지기에 앞서, 우리의 고정관념 속에 자리 잡은 형태에 대해 생각해 볼 필요가 있다. 우리가 알고 있는 일반적인 건축물은 수직적이고 수평적이며, 일정한 규칙과 익숙한 형태의 창과 문의 배열을 가진다. 그러나 이 공간은 연수를 위해 지어졌기 때문에 우리가 생각하는 일반적인 디자인에서 벗어난 새로움을 준다. 이 공간의 인테리어는 메인 컬러가 백색이라는 것에 특징이 있다. 사실 벽의 한 면을 모두 흰색으로 한 것은 좋지 않은 디자인이다. 불편함

을 주기 때문이다. 그러나 연수원은 회사 또는 일정한 조직에서 구성원을 교육시키는 기관이다. 다시 말해 특별한 목적을 위하여 만들어졌고, 그 목적을 달성하면 더이상 머물지 않는 공간이다. 이런 장소는 기능보다는 일시적인 목적을 달성하는 데 중점을 둔다.

그래서 드라마 속에 등장한 이 건물의 창을 보면 커튼이 없다. 커튼을 설치하는 일차적인 목적은 빛을 차단하기 위함이고 그밖에도 내·외부 간의 시야를 차단하거나 분위기를 연출하는 인테리어의 목적이 있다. 이 공간을 보면 일시적인 목적을 달성하는 데 그 의미가 있으므로 커튼을 배제한 것이다.

연수원 건물을 직접 찾아가 보면 가구나 러그 등으로 인테리어에 변화를 준다는 것을 알 수 있다. 하지만 공통적인 부분이 있는데, 바로 빈티지 디자인이다. 다소 지루해 보일 수도 있는 이 스타일은 1900년대 중반에 유행했던 미드 센추리 모던(Mid-Century Modern)이다. 미드 센추리는 대략 1940년대 후반부터 1960년대 초반까지 유행했던 가구 및 장식 스타일을 말한다. 센추리 모던 스타일의 가구는 지금은 잘 쓰이지 않는데, 20세기 중반에 복제품들의 대량 생산 때문에 반감을 얻었기 때문이다.

내부와 외부가 전혀 다른 건물

연수원 건물의 외부는 직선과 사선으로 형태를 구성한 반면, 내부는 외부와 전혀 다른 곡선으로 이뤄져 있다. 내부의 곡선이 이 건물을 인상에 남기는 데 가장 큰 역할을 했다고 본다. 우리 주변 공간의 대부분은 직선으로 구성되어 있기 때문이다. 가장 압도적인 것은 곡선 난간을 갖고 있는 계단이다. 아마도 이 공간에 곡선으로 이뤄진 계단이 없었다면 품위를 이토록 강렬하게 보여주지 못했을 것이다.

드라마를 보았을 때 이 계단을 걸어 내려오는 남자 주인공의 모습이 내게는 너무도 강렬하게 남아 있다. 공간을 변화시키는 인테리어적인 요소는 무수히 많다. 그러나 대부분 부분적일 수밖에 없다. 계단은 공간을 다르게 보이게 하는 데 있어 가장 강력한 힘을 갖고 있다. 여기에 등장하는 계단은 아르누보 양식의 디자인으로 공간에 생명력을 불어넣어 주는 역할을 한다.

이 건물은 여러 드라마나 광고에 등장해 유명세를 탔다. 이에 마임 측은 연수원을 대중에 개방했고 많은 사람들이 이 건물을 보기 위해 찾아오게 되었다. 사실 이 건물이 아주 색다른 것은 아니지만, 그래도 우리에게 눈여겨볼 만한 건물이 있다는 건 긍정적인 일이다.

마임비전 빌리지(Maiim Vision Village)
외부는 직선과 사선으로 형태를 구성한 반면, 내부는 외부와 전혀 다르게 곡선으로 설계했다.

원초적 본능 2(Basic Instinct 2: Risk Addiction)

개봉일 2006.03.30.
장르 스릴러, 범죄, 미스터리
감독 마이클 카튼-존스

섹슈얼 심벌로서의 건물

원초적 본능 2

영화의 내용과는 상관없지만, 개인적으로 이 영화는 2001년에 있었던 9·11 테러를 생각나게 한다. 9·11 테러는 지금 생각해도 충격적이고 당시에는 전 세계를 경악하게 만든 사건이었다. 테러의 영향으로 모든 건물에 대한 경호가 더 엄중해졌고, 우리처럼 건물을 관찰하는 사람들이 건물을 방문하는 일은 더욱 어렵게 되었다.

유럽을 방문 중이던 2004년, 런던에 도착한 나는 '30 세인트 메리 액스(30 St Mary Axe)'라는 건물을 꼭 보고 싶었다. 특이한 모양 때문에 오이지 빌딩, 즉 거킨 빌딩(Gherkin Building)이라는 별명을 가진 건물이었다.

건물을 설계한 건축가에게 관심을 가지고 있기도 했고, 매년 유럽을 방문하며 다른 건물은 이미 보았지만 이 건물은 처음이었던 만큼 기대치도 한껏 높아져 있었다. 나중에 안 사실이지만, 이 건물의 내부를 구경할 수 있는 것은 일 년에 한 번뿐이라고 한다. 멀리서 온 내가 사정하자 경비원은 9·11 테러를 이야기하며 거절하였다. 그래서 난 이 건물을 떠올릴 때마다 그 사건이 함께 떠오른다. 그만큼 아쉬웠다.

그런데 그로부터 2년이 지난 어느 날, 우연히 보게 된 〈원초적 본능 2〉라는 영화에 이 건물이 등장했고, 심지어 내부까지 공개되어 그간의 아쉬움을 달랠 수 있었다. 내용은 크게 기억나지 않는다. 주인공 남자의 사무실이 이 건물 안에 있던 것으로 기억한다. 영화를 보면서 많은 장소가 스크린에 등장하기를 바랐지만, 만족스럽진 못했다. 창가에 샤론 스톤과 데이비드 모리시가 섰을 때 나의 눈은 미안하게도 창밖 저편의 런던 거리를 보고 있었다.

영국을 넘어 세계로 간 건축가, 노먼 포스터

영국의 건축가하면 떠올리는 건축가로 노먼 포스터(Norman Robert Foster)가 있다. 그는 건축학도들에게 로망과도 같은 건축가로 그의 작품은 전 세계에서 찾아볼 수 있다. 노먼 포스터의 작품은 유리와 곡선을 주로 사용한다는 특징이 있다. 베를린의 국가의회 의사당에 얹어져 있는 유리 돔도 그의 작품이다. 독일이 분리되기 전에 사용하던 의회 건물을 통일 후 다시 의회로 사용하면서 노먼 포스터에게 설계를 의뢰했다. 그래서 노먼 포스터는 로마 제국을 상징하는 돔을 얹어 놓았다.

베를린의 국가의회 의사당(Reichstag building)

한국타이어 테크노돔(Hankook Technodome)

그밖에도 런던을 방문한 사람이라면 한 번쯤 보았을 런던 브리지 옆에 위치한 런던 시청이다. 이 건물은 각 방향에서 볼 때 건물의 모양이 다르다. 빛을 내부로 끌어들이고 에너지 절약형 콘셉트를 적용하기 위해 탄생한 형태이다. 그의 작품은 우리나라에도 있는데, 대전에 2016년 한국타이어 테크노돔을 설계하여 LEED(Leadership in Energy and Environmental Design)의 그린빌딩 골드 인증을 받았다.

건물을 보면 감독의 의도를 알 수 있다

영화의 감독은 왜 이 건물을 선택하였을까? 건물에 대해 살펴보면 그 답을 알 수 있다. 먼저, 이 건물은 건축에 대해 모르는 사람일지라도 런던을 방문한다면 런던 시청과 함께 반드시 눈길을 보내게 되는 건물이다. 설계자가 지은 본래의 이름은 '30 세인트 메리 액스'이지만 독특한 외형 때문에 별명이 많은 건물이기도 하다. 총알, 미사일 그리고 시가라는 별명도 있었지만, 영국 신문사 『가디언(The Guardian)』은 이 건물을 '성적인 오이 피클(Erotic Gherkin)'이라고 불렀다. 실제 많은 사람들이 이 건물을 볼 때마다 성적인 이미지를 떠올리곤 했기 때문이다.

영화의 감독은 이를 간파했기 때문에 건물을 〈원초적 본능 2〉라는 영화의 배경으로 등장시킨 것이다. 단지 유명한 건축물이라면 전 세계 어디에나 있다. 그러나 영화의 특성이나 에로틱한 분위기에 부합할 수 있는 것은 이 거킨 빌딩뿐이었다. 비록 영화 속에서 건물의 내부를 자세히 보여주지는 않지만, 구조가 복잡하지 않기 때문에 전체적인 형태를 상상하는 것은 어렵지 않다.

런던은 2000년대 전까지 높은 건물이 많지 않았다. 2004년 오픈 당시 거킨 빌딩은 높이 180m, 41층으로 시티오브런던(City of London)에서 두 번째로 높은 건물이었다. 이 건물에는 스위스계 보험 회사의 본사가 자리하고 있으며, 파리의 아랍문화원처럼 환경에 따라 창이 열리는 최첨단 시스템을 갖추고 있다.

세인트 폴 대성당, 버킹엄 궁전, 런던 브리지 그리고 웨스트민스터 사원 등 고전적인 건물이 가득한 런던에 이러한 건물이 들어서는 것은 쉬운 일이 아니었다. 제2차 세계 대전을 겪었음에도 런던에는 아직 과거를 말하는 건물들이 많다. 그러던 런던이 2000년을 전후로 과거, 현재, 미래가 공존하는 도시로 탈바꿈하기 시작했다. 그 시작은 런던 남동쪽 그리니치 반도에 있는 밀레니엄 돔(Millennium Dome)으로 2000년 1월 1일에 개장하여 새로운 시대의 시작을 알렸다.

영화의 많은 사건이 이 건물 내에서 이루어지는 것은 감독이 얼마나 이 건물을 중요시했는지 보여주는 지표라 할 수 있다. 이는 작은 소품에서도 드러난다. 남자 주인공이 화가 나 담배를 끄라고 소리치자 여자 주인공이 담배와 라이터를 탁자 위에 올려놓는 장면이 나오는데, 이때도 건물의 미니어처가 놓여 있는 것을 볼 수 있다. 감독이 이 건축물을 의도적으로 영화 촬영에 사용했음을 알 수 있다.

런던 시청(London City Hall)
보는 방향에 따라 건물 모양이 다르게 보인다.

사랑방 손님과 어머니(The Guest in Room Guest and Mother)

개봉일 1961
장르 드라마
감독 신상옥

보수적인 시대상을 담은 주택

사랑방 손님과 어머니

〈사랑방 손님과 어머니〉는 소설가 주요섭이 1935년에 발표한 단편소설을 영화화한 것으로 1961년과 1978년 2차례 제작되었고 1981년에는 단막 드라마로도 선을 보였다. 당시 제목은 〈사랑방 손님과 어머니〉였지만 소설의 원제목은 『사랑손님과 어머니』이다.

어머니의 6살 딸 박옥희라는 여자아이를 통해 줄거리가 전개되는데 어린아이의 눈높이에서 영화가 진행되는 신선한 구조를 가지고 있다. 영화를 지금의 관점에서 바라보면 이해할 수 없는 내용이 많이 전개된다. 과부가 수절해야 하는 시대적 상황이 주를 이루기 때문인데, 시대적 차이가 주는 답답함에 때로는 안타까운 마음이 들기도 했다.

소설이 발표된 1935년은 일제 강점기였으며, 첫 영화가 등장한 것은 광복을 맞이한 지 16년이 지난 26년 후인 1961년이다. 당시 이 영화를 보면서 의견이 분분했을 것이다. 옥희 엄마를 안타까워하는 관객이 있는가 하면 과거의 관습을 따라야 하는 것에 동조하는 관객도 있었을 것이다. 지금은 어떤가? 지금도 옥희 엄마의 수절에 동의하는 사람이 있을까?

다양한 미디어믹스 중 1961년에 상영한 〈사랑방 손님과 어머니〉를 선택한 이유는 이 영화가 당시 상황을 더 잘 표현했다고 보기 때문이다. 한집에 살면서 구성원이 마주치지 못하는 공간을 구성한 것은 다분히 의도적이다. 감독이 이러한 구성에 맞는 공간을 위해 지방의 주택을 선택한 데에는 반드시 정교한 의도가 있다고 보인다.

사랑방 손님과 어머니가 가능한 얼굴을 마주치지 않으려 노력하는 것은 무엇 때문일까? 옥희는 손님과 어머니의 반응을 이해하지 못한다. 그것은 아직 시대적인 요구에 6살짜리 옥희가 익숙해지지 않았기 때문이다. 소설가 주요섭은 사회적 상황이 언제나 옳은 것이 아니라는 것을 알리기 위해 옥희를 빌려 그 소설을 쓴 것은 아닌지 생각해 본다.

이러한 상황은 조선 시대부터 시작되었다. 조선 시대 이전에는 남녀의 관계가 자유로웠다. 이러한 상황을 만든 배경에는 '남녀칠세부동석'이라는 말에서 찾아볼 수 있다. 이는 유교 경전 『예기(禮記)』의 내칙(內則) 편에 실린 "일곱 살이 되면 남녀가 자리를 함께 하지 않으며, 함께 먹지 않는다(七年 男女不同席 不共食)."라는 말에서 유래한 것이다. 중국 춘추전국 시대의 군주 진헌공은 태자비가 될 며느리를 가로채고 그 사이에서 낳은 아들을 태자로 만들기 위해 자신의 첫째 아들을 죽였다는 이야기가 있다. 이로 인해 이러한 혼란을 막기 위한 안전책으로 나온 것이 바로 남녀칠세부동석이었지만, 이는 상류층의 일이지 일반인들에게는 먼 나라 이야기였다.

그런데 이것이 조선 시대에 들어와 엄격해졌다. '남녀칠세부동석'에서 '석(席)'을 앉는 자리로 해석한 것이다. 본래 석은 앉는 자리가 아니고 이부자리를 의미한다. 이 파장이 근·현대에까지 널리 퍼져 여자들의 초상화나 부부의 초상화를 그리는 일이 불가능해졌고 남녀공학 교육기관이 없어지는 현상까지 만들어졌다. 심지어 사회현상뿐 아니라 가옥의 형태에도 변화를 주었다.

남녀칠세부동석이 가옥에 미친 영향

뼈대 있는 양반집 가문의 가옥 배치는 크게 3가지로 나뉜다. 대문에 가까운 영역, 사랑채가 있는 영역, 그리고 안채가 있는 영역이다. 대문에서 남성들이 머무는 사랑채까지는 행랑 마당을 통하여 사랑 중문 한 곳만 거치면 가능하다. 그러나 여성이 머무는 안채까지는 행랑 마당, 고방 마당을 통한 다음에도 사주문과 안중문 등 2개의 문을 거쳐야 한다. 여성을 철저하게 공간 깊숙한 곳에 두고자 하는 의도가 보인다. 말이 남녀칠세부동석이지 사실은 여성을 차별하는 의도이다.

전통복식 중 '장옷'이라는 것이 있다. 이를 보면 중동의 여자들이 몸을 가리고 다니는 모습이 생각난다. 지금의 우리는 이러한 의상에 대하여 자유롭지만, 중동의 여성 복장에 대하여 자유롭게 말할 수 있는가는 생각해 볼 문제이다. 우리나라도 장옷으로 얼굴을 완전히 가리고 다닌 모습을 사극에서 간간이 볼 수 있다. 아직도 우리 사회에는 현재 상황을 조선 시대의 관념으로 바라보는 사람들이 있다.

영화에서 어머니의 오빠가 처음 사랑방 손님을 데리고 왔을 때 할머니는 그를 옥희에게만 인사시켰고 어머니는 조용히 안방으로 들어갔다. 외간 남자와 거리를 두는 것이 정실한 여자의 자세였기 때문이다. 이러한 정신은 생활 속에 담겨 있었고 당시 건축물의 형태에서 마주치는 기회를 자체적으로 방해하는 공간 구조가 분명히 존재했다.

조선 시대 계층 구도를 보면 양반과 중인이 지배층이라 할 수 있었는데, 양반 계층이 아닌 중간 계층도 가능하면 이러한 구조를 유지하려고 노력했다. 반면 피지배층은 경제 수준의 문제도 있었지만, 굳이 가옥 구조를 양반집 가옥처럼 꾸미지 않았다.

옥희의 집

영화에 등장하는 옥희의 집 가옥 구조를 만들어 봤다. 대문이 있고 사랑방을 향하는 샛문이 구분되어 있다. 손님은 특이한 상황이 아니면 샛문을 통하여 출입했으며, 뒷마당이 따로 있는 것을 볼 수 있다. 반면, 대문을 들어서면 바로 마당이 나오고 동선이 부엌과 연결된다. 대부분의 한옥은 안방에 부엌이 딸려 있다. 이는 온돌 난방을 위하여 아궁이에 불을 지펴 안방을 덥히기 위함이다. 집의 외부에서 지금과 많이 다른 것이 바로 도로와 집의 경계선에 도랑이 있다는 것과 도랑 위에 놓인 디딤돌을 밟고 집으로 들어가야 한다는 것이다. 이는 아주 지혜로운 방법으로 집 안에서 사용한 물이 밖으로 흘러가게 도랑을 파 놓은 것이다.

당시에는 하수 시설이 없던 만큼 비가 오거나 침수 상황이 일어났을

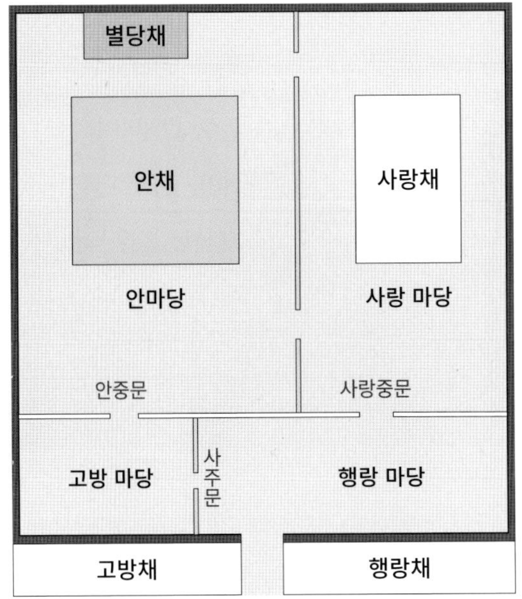

양반집 가문의 가옥 배치도

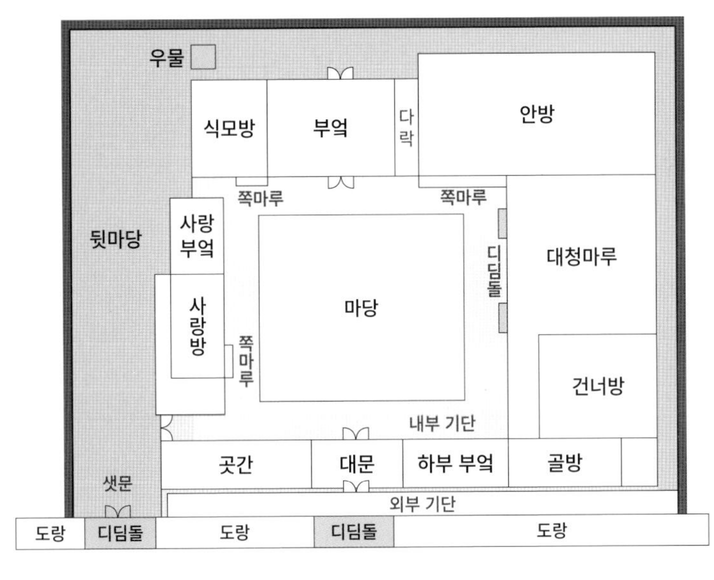

옥희의 집 구조

때 범람한 물이 집 안으로 들이치지 않고 이 도랑을 따라 흘러갔다. 일반적으로 전통 가옥은 이렇게 외부 기단이 집 밖에 놓여 앞의 도로보다 바닥 레벨이 높게 설계되어 있다.

이 기단은 외부에만 있는 것이 아니고 내부 안마당에도 있어 마당에 물이 차더라도 주변을 둘러싼 공간과의 레벨 차로 내부 공간에 영향을 주지 않는다. 이 때문에 디딤돌 뒤의 대청마루나 방바닥은 레벨 차이를 한 단계 더 높인 것이다. 기둥 밑의 주춧돌은 아주 중요하다. 기둥의 바닥이 기단과 바로 맞닿으면 수분에 약한 나무가 썩을 확률이 높으므로 공중에 띄워 물과 분리시키고, 평소에도 건조한 상태를 유지하기 위하여 돌 위에 놓았다. 그리고 주춧돌과 기둥의 사이에는 어떠한 접속물도 사용하지 않고 그냥 위에 얹어 놓아 세월이 흐르면서 두 개의 물체가 서로 어울리게 하였다.

영화를 자세히 보면 이 집이 가난한 집이 아니라는 것을 알 수 있는 상징이 있다. 그것은 바로 우물이다. 딸 옥희가 없어졌을 때 우물에 빠져 죽지 않았나 하는 대사와 함께 어머니가 우물을 찾는 장면이 등장하는데, 부엌 근처 뒷마당에 우물이 있는 것을 볼 수 있다. 이는 부유한 가정임을 나타내는 상징이다. 당시 대부분의 가정은 마을 중심부에 있는 공동 우물을 사용했다.

마을에서 우물은 아주 중요한 의미를 담고 있다. 소통의 장소이자 여론이 형성되는 곳이며, 정치가가 마을 사람을 모이게 하는 장소이기도 했다. 도시를 구성할 때 도시민을 위한 아주 중요한 장소이자 민주주의의 상징이기도 한 장소가 딱 한 곳 있는데 바로 광장이다. 우리에게는 우물이 있는 장소가 광장의 시초였다. 이 영화는 과거의 우리 모습을 보여주는 의미로도 가치가 있다.

지금 도시는 과거와 많이 다르다. 산업혁명 이후 국제양식이 전해지면서 우리나라뿐 아니라 전 세계의 건축물 형태와 도시가 변화하였다. 기와집과 초가집은 자취를 감췄고 새로운 형식의 주택 형태가 들어서면서 삶의 방식에도 변화를 주었다. 안방, 사랑방 그리고 마당이라는 기본적인 한국적 구조에서 방, 거실, 주방으로의 변화가 찾아왔다. 동네에 있던 우물은 이제 집 안에 설치된 수도로 인하여 사라지고 마을은 골목과 대로에 묶여 획일화되었다.

주거형태의 변화는 여성의 지위도 변화시키는 등 단순한 공간의 의미를 넘어 삶을 직접적으로 변화시킨다. 이 영화는 여성이 남성과 동일한 존재로 인정받지 못하는 시대적 상황을 담고 있다. 작가 주요섭은 이 소설을 통하여 우리에게 불편한 사회의 현상을 알리려 했으며 우리도 이 영화를 통하여 지금 이 사회가 어떻게 달라졌는지 깨닫게 되었다.

인터내셔널(The International)

개봉일 2009.02.26.
장르 액션, 범죄, 미스터리, 스릴러
감독 톰 티크베어

도시의 상징이 된 건축물

인터내셔널

대부분의 영화에 건축물이 다양하게 등장하는 것은 아니다. 그러나 〈인터내셔널〉은 제목에 걸맞게 국제적인 배경과 다양한 건축물을 소개하며, 감독이 작품의 분위기에 맞추어 의도적으로 건축물을 등장시켰음을 알 수 있다. 프랭크 로이드 라이트(Frank Lloyd Wright)가 설계한 뉴욕의 구겐하임 미술관(Solomon R. Guggenheim Museum)을 비롯해, 자하 하디드(Zaha Hadid)의 작품인 독일 볼프스부르크의 건축물 등 다양한 건축물이 등장한다. 더불어 이 영화는 이스탄불, 베를린, 리옹, 밀라노, 뉴욕 등 다양한 도시를 배경으로 하여 다채로운 건축물을 소개하며, 스토리 외에도 다양한 볼거리를 제공한다.

영화는 차 안에서 대화를 나누는 두 남자, 그중 한 명이 긴장된 표정으로 어떤 곳을 응시하는 장면으로 시작된다. 그가 입은 허름한 코트는 그의 상태를 대략 상상하게 한다. 이윽고 차에서 내려온 이안 버필드가 몇 걸음 걸어오다 쓰러지자 오웬이 그쪽으로 뛰어가며 앞으로의 상황이 급박하게 흐를 것을 예감하게 한다. 그러나 이 짧은 상황에서 당신이 건축에 대한 소양을 가진 사람이라면 이안 버필드가 서 있는 뒤쪽의 건물을 볼 수도 있었을 것이다. 일반적으로 영화의 도입부가 주인공을 클로즈업하여 등장을 알린다면, 이 영화의 감독은 오히려 그 뒤에 있는 건물이 뚜렷하게 보이도록 하였다. 여기에는 건물의 이름을 알리려는 감독의 의도가 숨어 있다.

영화가 베를린 중앙역에서 시작한 데는 이유가 있다

건물에는 'DB'라는 글자가 적힌 커다한 로고 아래에 '베를린 중앙역'이라는 글이 적혀 있다. 여기서 'DB'는 독일 철도(Deutsche Bahn)의 약자로 중앙역이 있다는 것은 그 도시에 작은 역도 있다는 것을 의미한다. 우리나라의 역은 일반적으로 도시나 지역의 이름을 붙이지만, 독일은 대도시나 소도시 모두 역 이름에 규칙이 있다. 먼저 중앙역이 있고, 동서남북으로 이름을 붙인다.

이 중앙역의 위치는 도시 크기에 따라서 다른데 이는 전쟁이 만들어 낸 독일 도시의 변화 중 하나다. 독일에서 인구 50만 명 이상의 대도시는 중앙역이 도시의 중심에 있으며, 소도시는 도시 외곽에 위치한다. 독일은 인구를 기준으로 도시를 구분한다. 자동차 번호판을 예로 들면, 50만 명 이상은 번호판의 지역 코드가 그 도시의 이름 알파벳 한 글자로 시작하고,

베를린 중앙역(Berlin Hauptbahnhof)

50만 미만 20만 이상은 두 글자로 시작하며, 20만 미만은 세 글자로 시작한다. 건축물에 관심이 없는 일반인은 '베를린 중앙역'이라고 적혀 있는 것을 보고 그냥 지나칠지도 모르겠다. 그러나 베를린이라는 단어를 보여주는 것은 관객들에게 이야기가 어디서 시작되는지 짐작하게 한다. 감독의 의도는 여기에 있었을 것이라 본다. 이 영화는 제작비의 많은 부분을 건물 섭외에 사용했을 정도로 건축물의 등장이나 그 면면이 예사롭지 않다. 이는 작품에서 감독이 건축물을 바라보는 견해를 이해할 수 있는 아주 중요한 정보이며, 건축 계열에서 일하는 사람들 또한 다른 분야와 마찬가지로 많은 작품을 경험하는 것이 좋다는 결론으로 이어진다. 특히 영화, 드라마, 소설 등에서 등장하는 건축물을 다른 시청자의 시각으로 바라본다면 훨씬 유익할 것이다.

대도시 중앙역의 대부분이 만들어진 당시의 역사적인 형태를 유지하는 반면, 베를린 중앙역은 거의 7년에 걸쳐서 만들어 2006년에 준공되었다. 그 이유는 독일의 분단 때문이다. 베를린은 독일의 수도였으나, 동독과 서독으로 분단되자 수도로서 제 역할을 하지 못했다. 그래서 분단기 독일 연방의 수도는 본(Bonn)이었고, 베를린이 다시 독일의 수도가 된 것은 1990년 10월 3일 독일 통일 이후이다.

통일 이후 베를린은 다시 세계적인 도시로서의 자존심을 되찾기 위해 많은 노력을 하였다. 세계적인 건축가들을 초빙해 많은 건축물을 지어 건축하는 사람들에게는 성지와도 같은 도시가 되었다. 베를린 중앙역 또한 그중 하나로 독일 함부르크의 건축가 마인하르트 폰 게르칸(GMP)이 설계한 것이다.

GMP는 건축 계열 종사자들에게는 유명한 건축가다. 이 영화 한 편에서 유명한 건축가의 작품을 볼 수 있는 좋은 기회를 얻을 수 있다.

중앙역은 단순히 교통수단의 정차역이 아니다. 도시의 첫인상이며, 도시의 모든 것을 함축하고 있는 공간이다. 특히 과거의 기차역은 지금의 의미와는 다르게 하나의 소도시 기능을 가지고 있었다. 통일된 독일은 다시금 유럽의 중심 국가로 올라서고자 했고, 베를린 또한 그 기능을 과거와 같이 회복하기를 바랐을 것이다.

이런 배경을 인지한 감독은 베를린 중앙역이 유럽의 모든 열차가 통과하는 말 그대로 '인터내셔널'한 역으로서 충분하다는 생각에 이곳을 출발지로 삼았을 것이다. 영화에서 이 중앙역은 그저 시작일 뿐이다. 이후에도 많은 건축물이 등장하는데, 배경이 뉴욕으로 옮겨지면서 이야기는 절정에 달하고 등장하는 건축물 또한 정점을 찍는다.

격렬한 총격전이 벌어졌던 뉴욕 구겐하임 미술관

아마 영화를 본 관객 중 주인공이 뉴욕에서 가브리엘 한센이라는 자를 미행하다 모퉁이를 돌면서 나타나는 둥그렇고 흰 건물을 보고 놀란 사람이 있을 것이다. 건축의 아버지라 불릴 정도로 유명한 미국의 건축가 프랭크 로이드 라이트의 작품 구겐하임 미술관이 등장하기 때문이다.

구겐하임 미술관의 유래는 1912년으로 거슬러 올라간다. 철강 사업가인 벤자민 구겐하임이 1912년 타이타닉 침몰 사고로 죽자, 그의 상속녀 페기 구겐하임은 세계의 미술품을 수집하고 미술가들의 후원자로서 많은 미술품을 모았다. 그 후, 큰아버지 솔로몬 R. 구겐하임이 페기가 수집한 미술품을 전시하기 위하여 미술관을 설립한 것이 바로 구겐하임 미술관이다. 구겐하임 미술관은 전 세계적으로 분포해 있어 뉴욕 외에도 베니스, 빌바오에서 찾아볼 수 있다.

영화에 등장하는 것은 뉴욕에 있는 것으로 프랭크 로이드 라이트의 섬세하고 정제된 디자인을 볼 수 있는 건물이다. 뉴욕의 구겐하임 미술관은 1959년에 완공되었다. 기존의 미술관 개념을 바꾸어 놓은 건물로 건축에 관심이 있는 사람들에게는 영화 내용보다 더 흥미로운 소재이다.

이 건물 또한 다른 유명한 건물과 마찬가지로 촬영이 쉽지 않은데, 건물 내부에서 총격전이 벌어져 벌집을 만들어 놓는 장면이 등장한다. 그 모습은 아무리 영화라지만 엄청나게 충격적인 장면이었다. 마구잡이로 총질을 해 곳곳에 구멍이 나고, 위에서 떨어지는 유리가 조각이 날 때, 나는 영화의 내용조차 잊고 저렇게 해도 되나 하는 불안한 마음만 들었다. 혹자는 그래픽이라고 말할지도 모른다. 그러나 조용한 관람객이 오가고 곳곳에 관리자를 배치해 정숙했던 모습이 떠오르는 그곳이 총기로

뉴욕 구겐하임 미술관(Solomon R. Guggenheim Museum)

빌바오 구겐하임 미술관(Guggenheim Museum Bilbao)

마구 파괴되는 것을 보면서 나는 연출이고 가짜라는 것을 알면서도 탄식을 금치 못했다.

영화를 촬영하던 시기에 뉴욕 구겐하임 미술관은 내부 수리 중이었다. 그래서 감독은 독일에 실제 건물 크기의 모형을 만들었다. 중앙 상부의 햇빛은 크레인과 대형 조명으로 대신했고, 로비 위에 똑같이 만든 유리를 그대로 떨어뜨렸다. 연출이지만 컴퓨터 그래픽은 아니었던 것이다.

구겐하임 미술관은 뉴욕에 있는 것이 단연 유명세를 보이지만 1997년 스페인 빌바오에 또 하나의 구겐하임 미술관이 생기면서 더욱 유명해졌다. 빌바오는 우리나라 포항과 같은 철과 선박을 다루는 도시였다. 그러나 중국과 한국에 이 산업이 넘어가면서 어려움을 겪게 되자 도시 코드를 문화로 바꾸면서 그 사업의 일환으로 미술관을 짓게 되었는데 그것이 바로 구겐하임 미술관이었고, 미술관 유치를 통해 세계지도에 빌바오라는 지명을 새기는 데 성공하였다. 이로 인해 많은 관광객이 이 도시를 방문하면서 빌바오 이펙트(Bilbao Effect)라는 신조어를 낳기도 했다. 즉 건축물 하나가 도시를 살릴 수 있다는 것을 증명한 것이다.

이는 세계 곳곳에 자신감을 주었고 이 영향으로 우리나라도 옛날 동대문 운동장 자리에 DDP(Dongdaemun Design Plaza)를 만들어 냈다. 빌바오 성공의 주역은 도시의 의지도 있었지만 프랭크 게리라는 건축가의 선택을 주요인으로 꼽을 수 있다. 미술관을 들어가지 않고도 이 건축물을 보려고 많은 관광객이 모여들 정도로 이목을 끌었고, 이로 인해 관광과 관계된 부수적인 사업들이 살아난 것이다. 건축가 프랭크 게리의 작품에는 유달리 물고기에 대한 표현이 자주 등장한다. 그에 대하여 공부한 사람들은 대부분 아는 내용으로 유태인인 그는 어릴 적 친구들과 어울리지 못하고 집 안에서 욕조에 있는 물고기와 대화하면서 성장했다. 그의 할아버지 철공서에서 갖고 놀던 금속에 대한 추억 또한 고스란히 그의 작품에 반영되었는데 그의 건축물 외장재는 대부분 물고기의 비늘처럼 나뉘어져 있고 건물은 물고기의 움직임을 닮아 유선형을 띤다. 그의 작품은 해체주의에 속한다. 대부분의 건축물은 수직과 수평 그리고 직선으로 만들어진다는 고정관념을 해체한 것이다. 해체주의는 기본적인 형태에 익숙한 일반인들에게 획기적인 형태일 수밖에 없다.

군수 회사로 등장한 파에노 과학센터

영화를 보다 보면 너무나도 아름다운 광경과 함께 등장하는 하나의 건축물이 시야를 사로잡는데, '이탈리아 라고 디세오'라는 지명 때문에 이탈리아에 있는 건물이라고 생각할지도 모른다. 그러나 그 건물은 전혀 다른 곳인 독일 북부 볼프스부르크에 있는 파에노 과학센터(Phaeno Science Center)이다.

이 건물이 위치한 볼프스부르크는 세계 최대의 자동차 공장이 모여 있는 '자동차 도시'로 자동차에 관심이 많은 사람이라면 꼭 한 번 가 봐야 하는 도시이다. 1913년, 폭스바겐이 시작된 도시이자 본사가 있어 폭스바겐 도시라고 부르기도 한다. 이곳에는 폭스바겐이 운영하는 자동차 전용 야외 박물관이자 테마파크인 아우토슈타트가 있는데, 테마파크 중앙에는 폭스바겐의 주요 브랜드 전시관이 있다. 북쪽에는 폭스바겐과 아우디가 있고 더 남쪽에는 세아트, 슈코다 오토, 람보르기니, 벤틀리, 부가티 및 프리미엄 클럽하우스가 있다. 바로 옆에는 포르쉐 전시관도 있다.

파에노 과학센터(Phaeno Science Center)

1998년 1월, 볼프스부르크시는 기차역 옆 공터를 어떻게 계획할까 고민하던 중 과학센터를 짓기로 하고 공모전을 열었다. 그 결과 자하 하디드의 작품이 선정되었다. 그는 이라크계 영국 여성으로 해체주의를 대표하는 건축가 중 하나다. 파에노 과학센터는 2005년에 완공되어 2006년에 영국왕립건축협회(RIBA) 유럽상과 구조기술사협회(ISE)로부터 상(Structural Awards)을 받았다.

이 건물은 하부로 도로가 관통하여 차를 타고 지나갈 수 있다는 특징이 있는데, 자동차 도시라는 도시 코드에 맞춘 설계다. 영화를 보면 아우디 자동차가 등장한다. 볼프스부르크는 폭스바겐의 도시인데 왜 아우디일까? 과거에는 개별적인 회사였지만 지금은 같은 그룹의 계열사이기 때문이다. 이 또한 감독의 섬세함이 빛나는 대목이다.

이스탄불에서 인터내셔널의 대미를 장식하다

곧이어 영화의 배경은 이스탄불로 전환된다. 이스탄불은 동로마의 근본이 되는 도시이다. 로마를 통일한 콘스탄틴 대제는 과거 로마 제국이 수많은 침략을 받은 이유를 이롭지 못한 지형으로 여겨 앞에는 바다, 뒤에는 산으로 둘러싸인 비잔틴(지금의 이스탄불)으로 수도를 옮겼다. 당시 그리스 땅이었던 이곳은 새로운 역사의 중심지가 되었지만 1453년, 오스만 제국에 점령당해 이슬람인의 땅이라는 의미의 이스탄불로 이름이 바뀌었다. 그 후 튀르키예에서 가장 번화한 도시로 발달하면서 세계에서 인구 밀집도가 높은 도시로 이어져 온다. 이러한 역사적인 배경을 감독도 알고 있었는지 영화 속에서 이스탄불은 매우 복잡한 각도에서 비춰진다.

이슬람 사원을 모스크(Mosque)라 부르고, 모스크에 있는 첨탑은 촛불 또는 나팔이라는 뜻의 미너렛(Minaret)이라 부르는데, 이슬람 사원의 심볼로 여겨진다. 다양한 볼거리가 있는 이 도시는 곳곳에 미너렛이 많이 보여 이슬람의 도시라는 것을 알 수 있다.

이스탄불에는 두 개의 성전이 유명하다. 하나는 성소피아 성당(Hagia Sophia Mosque)으로 지금은 아야 소피아(위대한 지혜)라고 부르기도 한다. 로마가 330년에 비잔틴으로 수도를 옮긴 후 513년에 기독교 성전으로 사용되었으나 1453년에 오스만 제국에 점령당하면서 이슬람을 상징하는 4개의 첨탑을 세우는 등 이슬람화되었다.

그렇게 점령 이후 이슬람 사원으로 사용하다 1차 세계대전이 끝나고 2차 세계대전이 발발하기 전인 1934년, 지금의 튀르키예 공화국으로 변경되면서 박물관으로 사용되었다. 그리고 2020년 7월부터 다시 이슬람 사원으로 사용되고 있다.

다른 하나는 술탄 아흐메트 모스크(Sultan Ahmet Mosque)다. 1600년대 초 오스만 제국은 세력을 넓히려고 많은 국가와 전쟁을 치르고 있었다. 전쟁의 승리를 기념하기 위해 승전비와 같은 건축물을 세우는 등의 작업을 하는 게 일반적이지만, 당시 오스만 제국은 페르시아 전쟁에서 참패한 후 국민의 힘을 하나로 모으기 위해 대규모 모스크를 짓기로 결정한다. 전쟁에서 승리하지 못해 거대한 모스크를 짓기에는 무리가 있었음에도 이를 강행해 기독교 건물이던 아야 소피아보다 더 큰 규모로 짓게 된다.

비잔틴 황제의 궁전터였던 성소피아 성당과 마주보는 언덕에 지은 이 모스크는 내부 벽면을 20,000개의 청색 타일로 채워 블루 모스크라는

성소피아 성당(Hagia Sophia Mosque)
본래 기독교 성전이었으나 1453년 이슬람 사원으로 사용되면서
이슬람의 상징인 첨탑을 세웠다.

술탄 아흐메트 모스크(Sultan Ahmet Mosque)
내부 벽면을 20,000개의 청색 타일로 채워 '블루 모스크'라는 이명이 있다.

이명이 있다. 5개의 메인 돔, 6개의 첨탑, 8개의 보조 돔으로 구성되어 있으며, 대부분의 모티브를 아야 소피아 성당에서 차용했기 때문에 두 건물이 비슷한 양식으로 보이기도 한다.

두 건축물의 큰 차이점은 첨탑의 개수인데 아야 소피아는 4개, 블루 모스크는 6개의 첨탑이 있다. 여기에는 여러 가지 가설이 있는데, 그중 하나는 당시 술탄(Sultan)인 아흐메트와 건축가 사이에 오해가 있었다는 설이다. 술탄은 금으로 만든 첨탑(Altın Minaret)을 요청했지만, 건축가는 6개의 첨탑을 의미하는 단어(Altı Minaret)에서 n을 빠트린 것으로 잘못 이해했다는 이야기다.

이것이 문제가 되는 이유는, 미너렛의 숫자는 모스크의 지위를 나타내기도 하는데 6개의 첨탑은 이슬람의 성지인 예언자의 모스크의 첨탑과 동일한 숫자이기 때문이다. 이 사건은 예언자의 모스크에 1개의 첨탑을 추가하며 일단락되었다. 이스탄불에 관광을 가서 어느 것이 아야 소피아이고 블루 모스크인지 혼동되는 경우에는 첨탑의 개수를 보면 이해하기 쉽다.

지상에도, 지하에도 궁전이 있는 도시

영화 속에서는 이스탄불의 색다른 건축물이 등장한다. 바로 로마 시대의 지하 물 저장소 바실리카 시스턴(Basilica Cistern)으로 시스턴은 장소를 의미한다. 이곳은 1963년에 개봉된 007 시리즈의 〈위기일발〉을 비롯해 많은 영화에서 소개되는 곳이다. 바실리카 시스턴은 성소피아 성당 맞은편에 있는데 당시에는 상류층에 물을 공급하기 위하여 만들어 놓은 물 저장소였다. 폭 70m, 너비 140m에 이르는 이 거대한 저장소는 높이 9m의 기둥 336개가 4.8m 간격으로 지탱하고 있다. 규모가 너무나도 크고 화려하여 지하 궁전이라 부르기도 하는데, 유스티니아누스 1세(532년) 시절에 만들어졌으니 세워진 지 1,500여 년에 이른 것이다.

바실리카 시스턴에 들어가면 기둥의 숲을 보게 된다. 기둥의 양식은 크게 두 가지로 코린트식 기둥이 대부분이지만 도리아식 기둥도 종종 눈에 띈다. 모두 그리스 양식인 것은 로마가 이 지역을 점령할 즈음에는 그리스 땅이었기 때문이다. 내부의 기둥 중에는 받침돌의 모양이 특이한 기둥들이 있는데, 메두사의 얼굴이 똑바로 놓이지 않고 거꾸로 놓여 있거나 옆으로 놓인 것을 볼 수 있다. 왜 이렇게 놓았는지 기록은 존재하지 않지만, 추측은 해 볼 수 있다. 첫째, 메두사를 쳐다보면 돌로 변한다는 신화 때문이 아닐까 한다. 그러나 메두사 얼굴 위의 기둥은 다른 기둥들과 모양이 다르고 그리스 양식도 아니기에 신빙성이 높지는 않다. 둘째, 기둥의 높이를 맞추기 위함이라는 추측이다. 메두사 얼굴이 놓인 기둥은 다른 기둥에 비해 좀 더 고급스럽고 길이도 다르다. 그러나 메두사 얼굴을 거꾸로 놓아도, 바로 놓아도 그 높이는 같기 때문에 의문이 깊어진다.

그런데 질서정연한 것을 선호하는 로마의 성격으로 보았을 때 이처럼 제각각인 배치와 기둥의 양식, 배열을 만들었을 리 없다고 생각한다. 결론적으로는 지하 궁전을 건립하면서 총 336개의 기둥이 필요한데 이를 다 구하지 못한 비잔틴 제국이 그리스 신전이나 다른 곳에서 가져온 것이 아닌가 생각한다.

이스탄불에는 이러한 물 저장소가 여러 개 있는데, 로마와 달리 도시 내 샘이 없었기 때문이다. 로마의 뛰어난 것 중 하나가 바로 물을 다루

바실리카 시스턴(Basilica Cistern)
로마 시대의 지하 물 저장소

메두사 모양의 기둥 받침돌

는 기술로, 로마가 점령한 대부분의 도시에는 수로와 목욕탕이 있다. 로마가 수도를 비잔틴으로 옮긴 후, 수 세기 동안 만들어 373년 발렌스 황제 때 완성한 발렌스 수로(Aqueduct of Valens) 또한 이스탄불에 있다.

시장 지붕에도 길이 있다

이 영화의 마지막 장면은 지붕 위를 배경으로 한다. 붉은색 기와지붕 위에 길이 있는데, 지붕 위에 이렇게 길이 나 있는 것은 일반적이지 않다. 이 관광지의 이름은 이스탄불에 있는 그랜드 바자르(Grand Bazaar), 튀르키예 이름으로는 카팔르차르슈(Kapalicarsi, 지붕이 있는 시장)로 얼핏 이상해 보일 수도 있지만 2014년 기준 전 세계 관광객이 가장 많이 방문한 지붕이다. 이 장소 또한 많은 영화에 등장했는데, 그중 가장 인상적인 장면은 007 시리즈 〈스카이폴(Skyfall, 2012)〉에서 주인공이 지붕 위에서 오토바이를 타는 모습이 아닐까 한다.

그랜드 바자르는 세계에서 가장 큰 지붕으로 덮인 시장이다. 22개의 입구와 64개의 내부 통로, 3,600개의 상점이 있어 내부의 동선이 매우 복잡하다. 이러한 구조 때문에 지붕 위에 길을 설치해 통행을 가능하게 하였지만, 지금은 허가 없이 사용하지 못하도록 통행이 금지되어 있다. 또한, 과거에는 건물이 목조로 되어 있었으나 대화재와 지진 이후 석조 건물로 개조했고, 현재는 화재 방지를 위하여 내부에서는 흡연을 금지하고 있다.

그랜드 바자르의 건설은 술탄 메흐메트 2세가 이스탄불을 비잔틴 제국으로부터 점령한 지 2년째인 1455년부터 시작되었다. 그 후, 오스만 제국의 부상과 함께 무역의 중심지이자 제1차 세계대전이 끝날 때까지

6세기 이상 중동과 북아프리카를 대표하는 시장이 되었으며, 현재의 형태가 된 것은 17세기 이후이다.

이처럼 이스탄불은 동로마 제국(330~1453), 오스만 제국(1453~1922), 그리고 튀르키예 공화국(1923~)을 거치면서 다른 도시보다 다양한 건축물을 보유한 도시가 되었다. 영화 〈인터내셔널〉은 스토리와 함께 다양한 건축물을 선보이고 있다. 건축에 관심이 있다면 꼭 권하고 싶은 영화이다.

그랜드 바자르(Grand Bazaar)
세계에서 가장 큰 지붕으로 덮인 시장

Chapter 02.

공간,
인물의 관계를
이어주다

10여 년의 간극을 이어주는 건물
건축학 개론

우주와 인간을 연결하다
콘택트

가족이 함께 사는 보금자리
우리집

코로나19로 건물에 갇히다
뤼마니테 8번지

불만족스러운 일상에서 벗어날 피난처
파어웨이

폭력이 이루어지는 공간
더 글로리

건축학 개론(Architecture 101)

개봉일 2012.03.22.
장르 멜로, 로맨스
감독 이용주

10여 년의 간극을 이어주는 건물

건축학 개론

건축에는 건축공학과 건축학이 있다. 이를 다 설명하려면 복잡하지만 요약하자면 건축학은 5년제이며, 모든 전공에는 개론이라는 과목이 개설되어 있다. 철학 개론, 심리학 개론 등등. 개론이라는 과목은 말 그대로 개괄적인 이론을 배우는 과목이다. 깊이가 있지는 않지만 좁지도 않고, 그 전공에서 알아야 할 내용을 초보자들이 맛보기로 배우는 과목이다. 즉, 다른 과목에 비하여 신입생 냄새가 물씬 나는 과목이다. 그런데 영화의 제목이 〈건축학 개론〉이다. 건축학도에게는 흥미를 불러일으킬 만한 제목이지만 다른 사람들은 어떻게 생각할지 의문이 들었다. 왜냐면 과목의 이름이니까. 어쨌든 나로서는 이 영화의 이용주 감독이 건축공학과 출신이라는 이야기 하나만으로 왠지 모르게 신뢰가 갔다. 막상 영화를 보니 진짜 내용은 첫사랑에 대한 것이었지만, 난 이 영화를 보면서 사람들은 자기만의 입장에서 영화를 본다는 사실을 새삼 확인하는 경험을 했다. 영화 속에서 강의를 듣고 과제를 하는 학생의 입장이 되어 학창 시절을 떠올리기도 했다. 무엇보다 작품 속 건축가가 제주도의 허름한 집을 어떻게 설계할지가 가장 궁금했다. 과연 영화의 줄거리처럼 아름다운 추억을 만들어 가면서 이에 상응하는 건축물을 보여줄 수 있을까 걱정이 들었기 때문이다. 아마도 다른 사람과는 초점이 약간 달랐지 않았나 싶다.

영화의 시작이 된 벽돌집

영화는 제주도의 한 허름한 집으로부터 시작한다. 나는 그 벽돌로 된 집이 등장하는 것이 좋았다. 콘크리트 건물은 모던한 이미지를 주지만 감성적이지는 않다. 하나하나 쌓아서 만드는 이런 집의 구조를 통틀어 조적식이라고 말한다. 이러한 내용을 디테일하게 알지 못하더라도 벽돌벽의 표현은 관객에게 형태 언어로 전달되는 것이다.

건축설계는 초기 단계가 아주 중요하다. 초기 단계에 수집한 정보들을 모아서 하나의 형태를 만들어 가는 것이 바로 건축설계이기 때문이다. 그렇기에 영화의 초반에 정리되지 않은 집이 등장하고, 그 집의 공사에 맞춰 이야기 또한 진행되는 것이다. 영화 속에서 건축가는 전문가의 입장에서, 여자 주인공은 의뢰자의 입장에서 지난 15년의 흐름을 과거로부터 반추하며 각자의 잃어버린 조각들을 맞추어 간다. 감독 또한 이 모든 요소를 바라보며 바깥에서 퍼즐을 짜맞춘다. 정리되지 않은 집 안 분위기, 포장되지 않은 집 마당 그리고 어릴 적 자신의 방 등은 마치 설계를 하기 전, 정리되지 않은 작업 요소를 의미하는 것 같다.

두 사람을 잇는 한옥 빈집

주인공들이 같이 시간을 보냈던 한옥집은 영화의 배경으로서 최고의 역할을 했다고 본다. 한옥은 과거와 현재를 잇고, 제주도와 서울을 잇는 매개체로 작용한다. 또한 초창기 한국의 가옥을 보여주는 좋은 예시이기도 하다. 농가의 집들은 울이라는 테두리를 두고 마당을 거쳐 집 안으로 들어가지만, 사실은 시각적으로 개방된 상태였다. 도시의 집들이 대문을 사이에 두고 시각적으로나 물리적으로나 내부와 외부가 완벽하게 분리된 영역을 가진 것과는 대조적이다. 중정식과 같은 울을 갖고 작은 마당을 두어 공동의 영역으로 사용하는 것이 그 시대 서울의 일반적인 주거 형태였는데, 이건 조선 시대부터 내려오던 유교의 영향으로 행랑채 또는 사랑방과 안채의 구분에서 시작된 공간 배치이다.

이러한 가옥들은 문가 쪽 방에 세를 주는 경우가 많았다. 이 주거 형태는 이후 세를 놓거나 여러 세대가 모여 살게 되고, 더욱 넓은 마당과 가운데 수돗가를 두어 공동주택의 형태로 발전하였다. 빈 한옥집이라는 장소에서 두 사람의 관계가 발전되었지만, 여느 영화나 첫사랑이 그렇듯 두 사람의 관계 또한 어려움을 겪는다. 그 갈등의 표현은 이 주거 형태가 영화 속에서 사라지는 것을 통해 은연중에 드러난다.

영화의 결말부, 모든 사건들이 현실로 돌아오면서 완공된 건축물이 드러난다. 감독은 영화를 제작하며 이 건물의 개조를 구승회 건축가와 함께 진행했다고 한다. 그 건축물을 보는 관객들은 시원함을 느꼈을 것이다. 나 또한 크지도 않고 화려하지도 않은 건물이라 무엇으로 포인트를 줄지 궁금했는데 마지막에 드러난 큰 창은 관심을 받을 만큼 압권이었다. 이유는 간단하다. 우리가 일상에서 찾아보기 드문 설계이기 때문이다. 전문용어로 픽처 윈도(Picture Window, 바닥에서 천장까지 닿는 커다란 창)라고 하는데, 영화에서처럼 수평으로 길게 설치하는 것은 사실 쉬운 일이 아니다. 구조적으로 중간에 지지대가 없기 때문이다. 그래서 건축가는 창틀 안에 폴더형 윈도를 넣었다. 기능적으로는 삼다도라는 제주의 강한 바람에 저 창이 잘 견딜 것이며, 심미적으로 주인공이 창을 접으면서 드러나는 바닷가의 경관은 마치 한 폭의 동양화 같기도 하다.

여기서 한 가지 더, 창의 위치가 현관과 가깝다는 특징이 있는데 아주 좋은 배치라고 생각한다. 일반적으로 현관은 어둡다. 그런데 현관 옆에 이렇게 밝고 큰 창이 있다는 것은 내부로 들어오는 환경교환에 있어서 심리적으로 안정된 상황을 연출하고 외부의 장점을 최대한으로 유지하는 좋은 결정이다.

픽처 윈도로 온전히 담긴 제주 풍경

콘택트(Contact)

개봉일 1997.11.15.
장르 SF
감독 로버트 저메키스

우주와 인간을 연결하다

콘택트

〈콘택트〉는 우주에 다른 생물체가 존재할 것이라 믿는 주인공이 그들과의 접촉을 시도하는 과정을 담은 영화다. 우주에는 2,000억~2조 개의 은하계가 존재한다고 한다. 보통 은하의 지름은 약 1,000~100,000파섹(pc)으로, 이는 하나의 은하계를 횡단하려면 빛의 속도로도 최소 3,000~300,000년을 가야 한다는 말이다. 인간의 수명을 100년으로 잡으면 짧은 거리로는 30번, 긴 거리로는 3천 번을 살아야 도달할 수 있는 거리다.

그런데 이러한 은하 개수가 최대 2조 개나 된다고 하니 우주는 얼마나 큰 것인가? 언제나 갖고 있는 의문이지만 우주는 끝이 있을까? 그렇다면 그 끝은 어디일까? 내가 사는 지구의 땅도 다 못 보았는데 저 우주에 대한 상상은 표현할 길이 없다.

영화는 자신의 상상에 대해 신념을 가진 주인공과 그렇지 않은 부류들의 논쟁으로 이루어져 있다. 천체 물리학자인 여자 주인공은 은하계 속의 별 백만 개 중 하나 꼴로 생명체가 살고 또, 그들이 지적인 존재라면 한 은하계에는 수백만 개의 문명이 있을 것이라 믿는다. 그리고 신학자인 남자 주인공에게 '만일 이 엄청난 크기의 우주 속에 지적인 존재가 없다면 이는 공간의 낭비'라고 말한다.

우주에 대한 의문을 이야기하던 중 '우리가 누구이며 왜 여기 있는지'라고 묻는 대사가 있다. 이 영화에서 남자 주인공을 신학자로 설정한 것은 아마도 우주 그리고 우리의 존재에 대하여 감독 스스로도 답을 줄 수 없기에 종교적으로 답을 해결해 나가려는 의도가 투영된 것으로 보인다.

우리의 존재는 스스로 결정하여 시작되지 않았고, 도착 지점이 어딘지도 알지 못한다. 그러나 각각의 개인들은 출발했음을 깨닫기도 전에 각자의 꿈을 도착점으로 결정하여 살아가고 있다. 작중에서 여자 주인공은 우리의 정체성에 대한 아주 작은 실마리라도 찾기를 바라는 마음으로 연구를 이어간다. 우리가 살아가면서 추구하는 것은 각자 다르다. 이 다름이 우리의 삶을 풍부하고 다양하게 만들어주고 있는데, 우리는 때때로 나와 다른 것을 받아들이는 일에 용감하지 않다.

영화 제목 〈콘택트〉에는 '접촉한다'는 의미가 있다. 다른 사람의 존재를 인정하는 것은 곧 나의 존재를 인정받는 것이다. 광활한 우주 속에서 또 다른 생명체의 존재를 확인하는 일은 인류의 존재를 명확히 깨닫게 하는 방법이 된다.

감독은 우리 정체성에 대한 답을 '만남'이라는 단어로 던지고 싶었던 것 같다. 우주가 광활하다는 것은 다른 존재가 있을 수 있다는 가능성을 의미하는 동시에 오직 지구인만이 지적인 존재라고 생각하는 교만함을 깨닫게 하는 방법일 것이다. 우주에 대한 내용을 논하기에는 지구인이 가진 정보가 너무 적고, 그 거리 또한 우리의 단위로는 근접하기 어렵다.

우주의 공간과 건축의 공간

저 광활한 우주의 섭리를 건축적으로 생각해보면 어떨까? 스페이스(Space)는 우주라는 뜻과 동시에 공간이라는 뜻을 가지고 있다. 건축가는 공간을 만드는 전문가이다. 터를 잡고 그 위에 구조물을 세운 다음, 벽과 지붕을 올리면 우리는 공간을 얻는다. 그러나 이 행위가 공간을 만드는 일의 전부라면 건축은 누구나 할 수 있는 학문이며, 오랜 시간 동안 연구될 필요가 없었을 것이다. 건축가는 공간에서 살아갈 사람들을 위해 동선과 빛, 환기에 대한 부분을 염두에 두고 작업한다.

각 은하계는 오랜 시간 존재했음에도 충돌 현상을 보이지 않았다. 이는 우주 속에 존재하는 질서가 무너지지 않았기 때문일 것이다. 건축가가 만들어 놓은 공간도 형태와 기술은 진보하고 변화하였지만, 우주의 질서처럼 변화하면 안 되는 규칙이 있을 것이다. 우리는 왜 공간을 만드는가? 거기에는 다양한 이유가 있을 것이다.

〈콘택트〉가 영화에 대한 답으로 '만남'을 내놓은 것처럼, 우리의 공간도 만남과 헤어짐을 명확하게 구분 지어 주어야 한다. 모든 건축물은 처음부터 고유의 기능을 갖고 태어난다. 그리고 건축물 내에 존재하는 공간은 만남이 원활하게 작동해야 한다. 주택의 경우 가족이 만날 수 있는 공간이 필요하고 홀로 있을 수 있는 공간 또한 필요하다. 사무실도 이러한 기능이 있어야 하며 모든 건축물이 이러한 공간을 갖고 있어야 제대로 된 공간이다.

영화 마지막 장면의 "우주는 굉장히 크다는 거예요."라는 대사는 무엇을 의미하는 걸까? 물리적인 내용도 있을 수 있지만, 가능성이라는 또 다른 의미도 부여할 수 있다. 건축물의 물리적 면적이 아무리 넓더라도 기능을 제대로 하지 못하면 그것은 기능적으로 큰 것이 아니다. '크다'라는 말은 곧 각 공간이 주어진 기능을 제대로 수행할 때 적용되는 단어이다. 이를 위하여 건축가들은 단순히 도면을 그리는 것이 아니라 각 공간에 부여받은 기능이 제대로 이뤄질 수 있도록 사전에 검토하고 의논하면서 작업을 한다.

사람의 접촉 방식이 바뀌면, 건축의 설계 방식도 바뀐다

필립 존슨이 설계한 글라스 하우스(The Glass House)라는 건축물이 있다. 이 건축물은 많은 건축가들이 최고로 뽑는 건축물인데, 단지 아름다운 형태를 가지고 있기 때문만은 아니다. 글라스 하우스는 이름처럼 유리를 십분 활용해 내부와 외부의 경계가 희미하다. 설계자는 내부에 앉아 외부와 분리된 접촉(콘택트)을 유지하고 싶지 않았을까 생각한다. 필립 존슨은 이 하우스를 통하여 물리적인 영역이 아닌 시각적인 영역에서 굉장히 큰 건축물을 보여준 것이다.

스마트폰이 발달한 현대 사회에서 사람 간의 만남은 과거보다 많이 줄었다. IT 기술의 발달은 사람 간의 대화도 변화시켰고, 골목에서 들리던 아이들의 소리도 사라지게 했다. 코로나19로 늘어난 온라인 만남은 물리적 거리감을 더욱 넓혔고, 과거에 비하여 만남은 점차 사라지고 있다.

이 영화는 1997년도에 만들어진 영화이다. 이 영화를 보면서 만남(콘택트)의 의미를 다시 생각해 본다. 만난다는 것은 본다는 것 이상으로 의견을 교환하기도 하고, 정리하기도 하고, 나의 정체성을 찾기도 하며, 먼 거리를 찾아가는 설렘도 있는 의미가 많은 행위이다. 건축 공간은 사라져 가는 만남의 의미를 어떻게 해결할 것인가 고민해 봐야 할 것이다.

필립 존슨의 글라스 하우스(The Glass House)

우리집(The House of Us)

개봉일 2019.08.22.
장르 드라마, 가족
감독 윤가은

가족이 함께 사는 보금자리
우리집

이 영화의 제목은 〈우리집〉이다. 그냥 집이 아니고 '우리' 집이다. 여기서 집이란 무엇인가 생각하게 된다. 바닥이 있고 벽에 둘러쳐져 있으며 지붕이 얹혀 있으면 공간이 생기고 그 안에 사람이 살면 주거 공간으로서의 집이 된다. 이는 단지 집에 대한 물리적인 해석이다. '집'이라는 단어 앞에는 수식어가 붙을 수 있는데 아름다운 집, 큰 집, 작은 집, 언덕에 있는 집, 찌그러진 집, 돌 집 등…. 이러한 묘사는 물리적인 그리고 형태적인 부분에서 나오는 형용사이다. 반면 행복한 집, 시끄러운 집, 사랑이 넘치는 집, 훌륭한 사람이 사는 집 등의 묘사는 그곳에 사는 사람이 만드는 것이다.

〈우리집〉에는 두 집이 등장한다. 매일 시끄러운 하나의 집과 부모가 있지만 아이들만 사는 유미와 유진의 집이 있다. 하나의 집은 부부싸움이 잦은 탓에 큰소리가 끊이지 않는 집이다. 그래서 하나는 부모에 대한 걱정이 많다. 유미는 부모의 직장 문제로 7번 정도 이사를 했다. 그로 인해 친구를 사귀기가 어렵고 안정감을 갖기 어렵다. 유미의 부모는 벽지 바르는 일을 하기 때문에 건축 현장을 쫓아다니느라 아이들과 함께 살 수 없는 상황이다.

유미 자매는 하나 언니와 친해져 정들었던 이 동네를 떠나게 되자 불안해 한다. 사람들이 유미의 집을 보러 오자 아이들은 공간을 어지럽히기 시작한다. 방문한 사람들이 지저분한 집을 보고 계약을 포기시키려고 시도하는 것이다. 어떻게 알았을까? 아이들은 대부분의 사람들이 좁은 공간을 원치 않는다는 것을 알아채고 '우리 집'이 좁다는 것을 피력하고 싶었던 것이다.

아이들이 소란을 피우자 집주인이 어른 일에 끼어들지 말라며 아이들을 윽박지른다. 내가 사는 집에 관한 일인데 어리다는 이유로 무시되는 게 맞을까? 집에 산다는 것은 내 공간을 갖고 있다는 것이다. 공간에서는 많은 일을 계획할 수 있다. 곧 공간이 없어지거나 옮기면 그 계획도 바뀌야 한다. 따라서 의지를 표현하는 능력이 있는 모든 가족 구성원이 집의 상황을 알고 있어야 한다. 특히 '우리 집'이라 불리는 곳은 많은 것을 의미한다. '나의 집'은 곧 내가 가야 하는 장소이자 나의 정체성이다. 그 집이 화려한지 크지 않은지는 나중의 일이다. 집의 규모와 성격은 어른들에게나 중요한 요소이지 아이들에게는 집이 곧 부모이자 안정감 있는 보금자리다.

어른의 집과 아이의 집은 기준이 다르다.
많은 사람들이 성장하면서 집을 부의 축적과 상징으로 생각하게 되지만,
아직 어린아이들에게 집은 곧 가정이고 가족이다.

하나도 평온한 상태는 아니다. 부모의 이혼 이야기를 듣게 된 하나는 방황하기 시작한다. 이것은 가정이 무너지고 집의 의미가 완성되지 못한다는 것을 의미한다. 하나는 유미의 집이 우리 집보다 더 낫다고 생각하고, 유미는 하나의 집을 둘러보고 부러워한다. 이 차이는 무엇일까? 하나는 가정이라는 의미로 집을 정의했고, 유미는 물리적 차원에서 하나의 집을 파악한 데서 나온 것이다. 하나에게 집은 가정이고, 가정은 가족 구성원이 모두 처음처럼 존재하는 것이다. 이처럼 두 아이가 가지고 있는 집에 대한 정의는 영화 내내 차이를 둔다.

소망을 담아 쌓아 올린 모형 집

아이들이 옥상에서 박스를 모아 집을 만든다. 지붕을 얹고 그곳에 칠을 하여 최대한 아름답게 만들려고 노력한다. 그것은 소망이다. 집이 아름다우면 행복할 것 같고 지붕이 예쁘면 좋을 것 같은 소망은 집에 대한 최소한의 희망이자, 살아가면서 터득하게 될 욕심의 작은 단위를 표현한 것이다. 어른의 집과 아이의 집은 기준이 다르다. 많은 사람들이 성장하면서 집을 부의 축적과 상징으로 생각하게 되지만, 아직 어린아이들에게 집은 곧 가정이고 가족이다.

하나는 유미 자매를 데리고 그들의 부모를 찾아 떠난다. 부모가 이 아이들에게는 집이기 때문이다. 이 아이들에게는 집을 잃지 않는 것이 최선이다. 왜냐하면, 집이 있는 곳에 하나 언니도 있고 정이 들었기 때문이다. 장소는 기억이다. 좋은 장소는 굳이 기억하지 않으려고 해도 기억에 오랫동안 남는다. 하지만 나쁜 장소는 기억이 거부한다. 그래서 유미 자매는 이전 장소에 대한 기억을 굳이 말하지 않는다. 하나 언니가 있는

우리집은 진짜 왜 이럴까?
〈우리들〉 윤가은 감독 작품
우리집
김나연 • 김시아 • 주예림
제작 아토ATO 제공 롯데시네마 아르떼 배급 롯데엔터테인먼트
2019.08.22

이 장소가 그들에게는 최고의 장소이기 때문이다.

어른과 아이의 생각이 다른 이유

영화의 처음부터 끝까지 하나는 가족 여행을 추진한다. 어린 시절 부모님의 사이가 안 좋았을 때 여행을 다녀와 다시 좋아진 것으로 기억하기 때문이다. 그러나 오빠는 그 내용을 전혀 기억하지 못한다. 여행은 하나의 기억에만 긍정적으로 기억된 것이다. 이를 스키마 이론(Schema Theory)이라 한다. 하나에게 여행은 그 자체로 좋았던 것이 아니라 여행을 생각하면 부모가 화해했다는 기억이 자동으로 따라온다.

유미에게는 이사라는 기억이 또다시 모든 사람들과 헤어진다는 연관성을 갖는 스키마가 작용한다. 우리가 아이를 이해하지 못하는 이유가 이 스키마 이론을 이해하지 못하기 때문일 수 있다. 아이는 어른보다 연관적인 사고가 더 뛰어나다. 그래서 아이와 어른 간에 공간 개념의 차이가 있는 것이다.

어른의 기억에는 상황이 잘 남지만, 아이에게는 환경이 더 잘 남는다. 그래서 아이들 공간에는 컬러나 숫자 같은 환경적인 디자인을 더 신경 쓴다. 부모가 싸울 때 그 나름의 이유가 있었겠지만, 아이에게는 그 이유가 중요하지 않고 싸우는 현상이 더 기억에 남는다. 아이에게 부모를 이해해 달라는 것은 그 싸우는 모습을 그냥 잊어 달라는 것이다. 그러나 아이는 부모가 왜 싸우는지 궁금하지도 않고 싱크대 앞에서 액자를 집어 던지며 소리를 지른 것만 기억한다.

여행은 새해에 새로운 분위기를 다짐하는 행위와 같은 것이다. 여행을 떠나 다양한 분위기와 새로운 환경에서 심리적 변화를 만들어 보고 환기된 기분을 활력소로 삼아 도약을 해보려는 것이다. 하나가 계속하여 가족 여행을 주장하는 이유는 자신이 바꿀 수 없는 부모의 관계를 여행이라는 행위를 통하여 극복해 보자는 의지가 반영된 것이다. 하나는 자신의 진정한 집인 부모를 지키고 싶었던 것이다.

가족이 모여 있는 그곳이 바로 '우리집'

집은 모든 행동의 출발점이며 목적지이다. 집을 나와 목적지를 향하여 떠나지만 다시 돌아오는 곳은 집이 되어야 한다. 퇴근하면 가는 곳이 어디인가? 퇴근하고 대부분 우리 집으로 향한다. 왜 대부분의 사람이 퇴근을 하면 집으로 향하는가? 단지 휴식을 하기 위한 목적이라면 그에 합당한 더 좋은 장소가 많다. 영화처럼 매일 싸우는 부부라면 어떨까? 우환이 가득한 집이라도 대부분 우리 집으로 향한다. 우리 집은 단지 휴식을 하기 위한 공간이 아니다. 꼭 하나 짚으라면 바로 가족이 있기 때문이다. 그렇다면 혼자 사는 사람들은 왜 우리 집으로 향할까? 내 소파, 내 물건, 온전한 나의 삶이 거기 있기 때문이다. 우리 집은 공간이 아니고 마음이다.

아이들이 유미의 부모를 찾아 헤매다 찾은 텐트에서 하룻밤을 보내는 장면이 있다. 자신들이 사는 집보다 규모도 작고 여러 가지 면에서 불편하다. 그런데 아이들은 이곳에서 행복해 하고 여기서 산다면 무엇을 먹고살아야 하나 토론까지 한다. 이 장면을 보면서 때로 단순한 것이 행복할 수도 있겠다는 생각을 한다. 행복은 주어진 것이 아니라 아는 것이며, 원하는 것 만큼의 크기에 있다는 생각을 해 본다. 여기가 오늘은 이 아이들에게 '우리 집'이다.

영화의 마지막, 여행에서 돌아온 하나는 가족들을 위한 식사를 준비한다. 이 영화의 첫 장면도 밥 먹자는 말로 시작한다. 그리고 마지막 장면에서도 밥 먹자고 말한다. 음식은 상대와 교감하는 데 있어 중요한 수단이고 관계를 이어주는 의미가 있다.

하나는 엄마한테 혼나면서도 계속 음식을 준비한다. 아마도 이 장면은 온전히 작가의 밥에 대한 메시지를 담은 것이 아닌가 한다. 가족 모두가 하루에 한 번은 모여 함께 밥을 먹는다는 것은 우리 집에서만 할 수 있는 엄청난 축복이다. 다른 장소, 다른 집에서는 결코 이렇게 매일 편안한 마음으로 가족 모두 밥을 먹을 수는 없다. 이 영화는 가족 구성원이 모여 밥을 먹는 것으로 〈우리집〉의 의미를 전달하고자 한 것이다.

뤼마니테 8번지(Stuck Together)

개봉일 2021.10.20.
장르 코미디
감독 대니 분

코로나19로 건물에 갇히다

뤼마니테 8번지

전염병과 바이러스에 대한 영화는 사실 오래전부터 존재했다. 이는 인류 역사 속에 등장한 흑사병, 콜레라, 스페인 독감 등을 통한 공포가 기억 속에 각인되어 있기 때문이다. 이 공포는 우리 곁에 많은 미디어를 통하여 전달되었고 영화로도 제작되었다.

예를 들면 컨테이젼(2011), 월드워Z(2013), 아웃브레이크(1995), 카고(2017), 28일 후(2003), 바이러스(2019), 부산행(2016), 12 몽키즈(1996), 93 데이즈(2016) 등의 영화들이 바이러스에 대한 공포를 다뤘고 때로는 감염된 사람들이 좀비로 변하는 상상으로 발전하기도 했다. 이러한 영화에는 바이러스에 의하여 우리의 삶이 망가지고 인간관계가 파괴되는 다양한 모습들이 담겨 있다. 대부분의 영화들은 공포스럽고 절망적인 상황에서 필사적으로 살아남으려는 내용을 다루고 있다.

2021년에 개봉한 프랑스 영화 〈뤼마니테 8번지〉는 다른 팬데믹 영화와는 다른 관점에서 내용을 다루었다. 2019년에 코로나19가 시작되었으니 2021년이면 3년이 지난 후이다. 이 기간 동안 코로나19라는 바이러스가 사회 전반에 공포 분위기를 만들었고 지금까지 우리 사회에 근간이 되었던 사람과 사람 사이의 관계를 단절시켰다.

이 영화는 공포보다는 이웃이라는 관점에서 영화를 전개하며 코미디지만 따듯한 내용을 담고 있다. 코로나19로 인하여 망가진 사람 관계를 회복하자는 데 목적을 두고 있는데, 여기에 장소가 중요한 역할을 하고 있다. 이를 이해한다면 영화를 좀 더 흥미롭게 볼 수 있을 것이다.

사용자의 동선은 설계 단계에서부터 고려되어야 한다

건축물은 사람을 위한 공간을 만드는 데 그 목적이 있으며 공간에서 생활하며 일어날 상황을 가능한 많이 예상하여 만드는 것이 중요하다. 건축설계에서는 기본적으로 동선, 빛 그리고 환기를 중점적으로 본다. 그중 동선은 물리적 움직임 그리고 시각적 움직임 이렇게 두 가지로 구분해 볼 수 있다. 물리적 움직임이란 사람이 움직이는 것으로, 이 움직임에는 접촉이 있을 수 있다. 이런 접촉을 교류 혹은 만남이라고 한다.

주택과 같은 생활 공간이 밀집된 곳에서는 동선이 꼭 고려되어야 한다. 개인의 사생활을 지켜야 하는 영역이 있고, 공용 공간에서 동선의 교차가 필요한 경우가 있다. 특히 정년퇴직한 노년에게는 이 동선의 교차

자체가 필수이며 이들을 보호하는 차원에서도 필요하다. 이웃이라는 관계가 성립되려면 첫 번째로 발생해야 하는 것이 동선의 교차이다.

아래의 왼쪽 도면은 강릉에 있는 한 노인시설을 평면으로 만들어 본 것이다. 아주 열악한 설계로, 면적을 최대화하고 물리적 기능만을 생각해 설계되어 있다. 여기에는 공간 배열의 3단 법칙이 전혀 고려되지 않았다. 모든 건축물에는 개인 공간, 비 개인 공간 그리고 공용 공간 이 3가지 법칙이 적용되어야 한다. 그러나 아래 도면에는 개인 공간과 공용 공간만이 존재한다. 위와 같은 시설에선 우측 맨 끝 방에 있는 사람이 제일 먼저 죽는다.

왼쪽과 같은 시설을 개선하기 위해선 오른쪽과 같은 공간 배치가 필요하다. 공용 공간에 대한 평등한 심리학이 적용되어 있으며, 이렇게 공간 배치에 평등이 적용되지 않으면 누군가는 그 배치에서 나오는 불평등을 감수하고 살아야 한다.

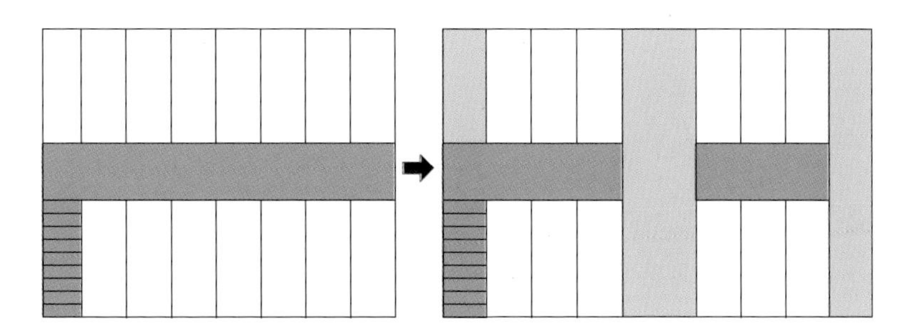

강릉에 있는 한 노인시설의 평면도와 이 시설을 개선하기 위한 공간배치도
□개인 공간 ■공용 공간 ■비 개인 공간

등장인물 간의 접촉이 일어나는 핵심 공간, 중정

이야기는 주로 등장인물들이 살고 있는 건물 내에서 전개된다. 코로나19 상황에서 자유롭게 다니지 못하는 사회적 분위기도 반영했지만 'Stuck(갇혀 있다) Together(함께)'라는 영화 제목을 강조하기 위하여 의도적으로 장소를 제한시킨 것 같다. 영화는 독립적인 현대적 건축물보다 건물 가운데에 중정이 있는 전통적인 주거 형태를 선택했는데, 유럽에는이렇게 중정이 있고 마당 둘레로 주거 공간이 둘러쳐져 있는 건축물이 많다. 이 같은 건축물은 바로 로마네스크(Romanesque, 로마 풍 건축물)에서 유래되었다.

로마 시대, 종교와 왕권 사이의 알력 다툼이 불거지자 자체적인 군사력과 방어력 증강을 위해 처음으로 성벽의 필요성이 생겨났다. 그래서 성벽을 쌓고 첨탑을 수비용으로 사용하게 되었다. 성벽을 쌓으면서 자동으로 생겨난 것이 성벽 내 중정(마당)이다. 그래서 중정의 시작을 로마네스크로 본다.

로마네스크 형태는 다른 시대 건축물보다 효율적 기능을 갖춘 것으로 인식되었고 대부분의 주택에 채택되면서 유럽 전역에 퍼지게 된다. 지금도 외부로부터 오는 소음을 차단하거나 도심에서의 휴식공간이 필요한 경우 중정을 갖춘 빌딩을 대안으로 내놓기도 한다.

유럽을 여행하다 보면 정면은 좁고 뒤로 길쭉한 형태의 건축물들을 흔히 볼 수 있다. 과거에 건축물은 정면의 면적으로 세금을 부과했기 때문에 이러한 건축물이 많이 등장했다. 건물들은 옆면이 붙어 있어 창을 만들기 위해서는 정면 혹은 후면을 선택할 수밖에 없었다. 그래서 가운데 중정을 둔 후 대부분의 창이 중정을 향하도록 설계했다.

중정식 건축물

정면이 좁고 3단 구조로 되어 있는 유럽 거리의 건축물

중정은 정원이나 이웃 간 만남의 장소로 사용되었다. 정기적으로 반상회를 열듯이 모임을 갖는 장소로 쓰였으며, 바비큐 파티를 하거나 주말에 맥주 파티를 하는 장소로 사용되었다. 영화 속 대부분의 교류도 중정에서 일어난다. 독립된 거주 형태는 의도적으로 이웃의 만남을 피할 수 있으나 이러한 중정식 구조는 마당에서 사람과 부딪히는 상황을 피할 수 없다. 코로나19로 발생한 인간관계의 단절에도 불구하고 중정에서의 교류를 피할 수 없는 이 상황들은 영화를 코미디로 보이게 만든다.

이러한 중정식 건축물이 우리나라에도 있었다. 바로 도입 초기의 아파트들인데, 아파트라는 새로운 공간이 우리 생활에 들어오면서 이웃 간의 관계를 중요시했던 우리의 삶을 고려하여 반영했던 것으로 보인다.

우리나라 정식 아파트의 시초는 1963년도의 종암 아파트인데, 이 아파트는 중정식이 아니었다. 중정식 형태를 갖춘 대표적 아파트는 주택공사에서 1965년에 만든 동대문 아파트이다. 당시 인기를 누리던 연예인이 살면서 연예인 아파트라는 별명까지 얻었던 곳으로, 지금의 아파트 구조와는 많이 다르다. 가운데 중정식으로 상부가 노출되어 햇빛을 받을 수 있게 되어 있으며 복도식으로 각 호수들이 나열되어 있었다. 같은 해 정동 아파트가 생겼는데 이곳 또한 가운데 중정 마당과 계단이 있었다. 화장실은 공용이었고 더스트슈트라 하여 쓰레기 투입구 시스템이 있으며 온돌 구조로 되어 있었다. 당시 5대 1이라는 높은 입주 경쟁률을 보이기도 했다.

바이러스에서 도출한 미래 주거 환경의 지향점

코로나19는 우리의 삶에 많은 변화를 주었다. 코로나19가 인류에게 찾아온 첫 바이러스는 아니지만 자동차, 선박 그리고 비행기에 의한 수단의 발달로 인해 백신을 찾는 속도보다 전파 영역도 넓어지고 이동 속도도 빨랐기에 수많은 피해자가 발생했다. 바이러스가 퍼지면 해결책을 찾기까지 전염 속도를 일단 늦추는 게 급선무다. 그래서 동선을 차단하고 격리시키는 방법을 우선적으로 적용하는데 여기에서 건축물은 좋은 역할을 하지 못하고 있다. 모든 건축물은 사람 간의 원활한 교류가 이뤄지도록 하기 위한 목적으로 설계되기 때문이다. 이번 코로나19로 인해 건축이 고려해야 하는 것이 있다면 다양한 동선의 가능성을 검토해 보는 것이다. 개인 주택의 경우에는 동선의 구별이 가능하지만 아파트와 같은 다세대 주택의 경우에는 비상 출구의 기능을 추가해야 할 것이다.

대도시 형태는 바이러스 전파에 치명적이다. 이를 위해 도시 발전의 균등화를 꾀하고 도시의 소형화를 다시 한번 계획하는 것이 좋을 것이다. 도시가 소형화되면 도시 발전이 빠르고 대중교통의 밀집화 현상이 사라지며 자전거와 같은 이동수단이 가능하게 된다. 어떠한 상황에도 인간성을 잃어버리는 상황이 발생해서는 안 된다.

파어웨이(Faraway)

개봉일 2023.03.08.
장르 코미디, 드라마
감독 바네사 조프

불만족스러운 일상에서 벗어날 피난처

파어웨이

사람은 가끔 여행을 떠나고 싶어 한다. 여행지는 우리에게 익숙하지 않은 자연이나 환경을 통하여 새로운 경험을 하게 만든다. 그리고 그곳에서 돌아와 다시 일상생활을 영위해 나간다. 그런데 일상생활이 나를 계속 지치게 한다면 그 생활을 영영 떠나고 싶어진다.

이 영화는 일상생활과 가족들에게 지칠대로 지친 주인공이 모든 것을 뒤로하고 홀로 떠나는 데서 시작한다. 주인공이 향한 곳은 튀르키예 서쪽 불가리아 남쪽에 있는 보즈자다(Bozcaada) 섬이다.

영화 속 주인공은 독일 뮌헨에 살고 있다. 이곳에서 주인공이 향하고자 하는 보즈자다 섬은 자동차로 대략 22시간 거리에 있다. 이 섬은 튀르키예에서 3번째로 큰 섬이지만, 제주도와 비교하면 50분의 1 크기로, 섬에서 가장 높은 곳이라 해도 199m로 아담한 편이다. 세계에서 가장 아름다운 섬으로 자주 선정되며, 와인 애호가들에게 알려진 여름 관광지로 튀르키예 영화에 자주 등장하는 배경이기도 하다.

또한 긴 역사를 가지고 있는 섬으로, 아테네부터 시작된 파란만장한 역사를 가지고 있다. 이 섬에 있는 보즈자다 성의 모습을 살펴보면 성벽의 첨탑이 중세 로마네스크 양식으로 건축되었다는 것을 알 수 있다. 그중에서도 후기 로마네스크 양식 건축물에 해당되는데, 로마네스크 양식 초기에는 첨탑이 원형으로 시작되었지만 후기에는 첨탑의 모양이 사각형을 띠기 때문이다. 로마네스크는 건축물의 특징인 3단 구조 또한 확연히 알아볼 수 있다.

그런데 일부 아치가 로마의 반원형이 아니고 약간 좌우로 처지거나 위가 뾰족하게 되는 과정에 있는 것을 보았을 때 고딕(뾰족 아치 양식)의 영향이 있음도 알 수 있다. 성은 로마네스크 후기 그리고 초기 고딕의 시절에 지어졌을 것이다. 성벽 꼭대기 모두가 틈이 있는 것을 보면 이 성이 전쟁을 염두에 두고 건축되었음을 알 수 있다.

섬의 항구를 가 보면 다양한 색상들 속에서 파란색과 흰색이 특히 눈에 띈다. 이는 보즈자다가 그리스와 관계있음을 암시한다. 그리스 양식 중 많이 등장하는 것이 지중해의 흰색과 파란색인데 튀르키예 정부에 속하기 전 이 섬은 그리스 행정구역이었다.

보즈자다 성(Bozcaada Castle)

세계에서 가장 아름다운 섬으로 자주 선정되며, 와인 애호가들이 즐겨 찾는 여름 관광지 그리스는 동방정교회 소속이었다. 과거 로마가 비잔틴으로 수도를 옮기면서 로마도 서로마(이탈리아)와 동로마(비잔틴)로 나뉘고 후에 가톨릭도 서방정교회(서유럽)와 동방정교회(비잔틴 중심)로 구분된다. 당시 동방정교회는 비잔틴, 안디옥교회, 알렉산더교회 그리고 예루살렘이 중심이었고 서방정교회는 로마를 중심으로 움직였다. 보즈자다 섬은 당시 그리스 행정구역으로 동방정교회 소속이었으나 튀르키예에 의하여 축출되었다.

이 섬이 로마 전에 그리스 손길이 있었음은 섬에 있는 과거 건축물에서 짐작할 수 있다. 건축물의 입구를 보면 상부에 놓인 보가 수평으로 있는 것을 볼 수 있는데 이는 그리스 건축물에서 흔하게 볼 수 있는 구조이다.

그리스는 입구에 상단 보를 얹어 하중을 받쳤는데 넓은 입구에는 보가 처지는 현상으로 인해 적용할 수가 없어 몰려다니는 로마 병정들에게 불편함을 주었다. 그래서 넓은 입구가 필요했던 로마는 아치를 적용하기 시작했다. 로마 아치는 수직과 수평 반지름이 동일한 특징이 있다. 이로 인해 로마 아치는 폭이 넓을수록 위로 높게 올라간다.

보즈자다 섬에서는 보를 얹은 입구와 아치형 입구를 모두 찾아볼 수 있다. 이는 그리스의 손을 거친 건축물이 후에 로마의 건축양식으로 변화하였음을 보여주는 증거이다. 일반적으로 로마 아치는 아치의 시작과 끝이 모두 조적조(쌓아 올리는 형태)로 되어 있는데 오른쪽은 아치 모양만 벽돌로 되어 있는 것으로 보아 그리스와 로마의 교체 시기에 만들어진 것임을 알 수 있다.

그리스 양식의 입구

그리스에서 로마로 교체되는 시기에
만들어진 아치

풍경에서 느껴지는 그리스와 로마의 변천사

보즈자다는 주로 관광업으로 운영된다. 튀르키예 본토가 가까워 교통도 원활하며 항공편을 통해서도 출입이 가능하기에 많은 관광객이 방문한다. 섬 자체는 인구가 3,000명 정도로 적어 교통량도 많지 않고 에어비앤비와 같은 숙박시설이 주를 이루는 도시이다. 도로를 거닐다보면 카페나 레스토랑의 탁자가 길거리에 나와 있는 걸 볼 수 있는데, 이곳에 차량이 없다는 의미다. 즉 관광객 위주의 도시로 평화로운 분위기를 도처에서 체감할 수 있다.

거리의 풍경에서도 과거의 영향을 살필 수 있다. 길의 재료를 달리하여 일반 도로와 숙소의 도로를 구분 짓는데 일반 도로는 대리석 조각들이 문양을 이루며 덮고 있다. 파란색과 흰색은 그리스를 연상케 한다.

반면 숙소의 도로는 같은 색의 돌로 채웠다. 대리석 바닥은 그리스 시대의 유산이며 바닥이 같은 색의 돌로 채워져 있는 길은 로마 시대 이후 만들어진 곳이다. 즉 대리석 바닥으로 된 길이 더 오래된 거리이다. 이 섬은 다양한 역사를 갖고 있는 섬으로 주인공이 이 섬에서 정착하는 이유를 알려면 대도시와 구별되는 이 도시의 다양한 특징을 살펴야 할 것이다.

이 영화의 주제는 여행이 아니라 주인공의 일탈에 있다. 만일 주인공이 떠난 곳이 보즈자다 섬이 아니고 사막 한가운데라도 주인공이나 우리가 동일한 느낌을 받을 수 있었을까? 우리가 느낀 감정은 분명하게 달랐을 것이다. 일탈을 한다면 어느 곳으로 갈 것인가? 바다? 산? 아니면 화려한 도시의 호텔? 건축 공간이 모든 상황의 주요인은 아니지만 모든 상황에 영향을 미친다. 영화를 보면서 화면의 뒷배경도 감상할 수 있다면 재미는 배가 될 것이다.

길의 재료를 달리하여 일반 도로와 숙소의 도로를 구분 짓는
보즈자다 섬의 거리

더 글로리(The Glory)

방영일 2022.12.30.
장르 웹 드라마, 스릴러
연출 안길호

폭력이 이루어지는 공간

더 글로리

학교 폭력에 대한 영화나 드라마는 많이 있었다. 이는 비단 한국의 문제뿐 아니라 전 세계적으로 갖고 있는 문제다. 하지만 〈더 글로리〉는 피해자가 오랜 시간 치밀한 계획하에 각 가해자에 대한 차별적인 복수를 하였던 것이 크게 작용해 인기를 얻었다. 모든 시청자들이 학교 폭력에 대한 경험자는 아니더라도 학교 폭력에 대하여 다수가 반대하고 피해자의 복수가 가해자에게 통쾌하게 작용하기를 바라는 마음이 자리하고 있기 때문이라고 생각한다.

작가나 감독은 이 드라마를 보는 시청자들이 세 가지 부류로 나뉘도록 의도했다. 학교 폭력의 가해자, 피해자 그리고 방

관자. 건축을 하는 사람으로서 학교 폭력에 대한 의견을 얹기 보단 어떤 공간, 어떤 환경에서 학교 폭력이 더 많이 일어나는가를 생각했다. 학교 폭력의 가해자도 누군가를 괴롭히는 행위가 옳지 않음을 안다. 그러나 이 행위가 반복되면서 괴로움보다는 쾌락을 얻기 때문에 이러한 폭력을 반복하는 것이다. 이렇게 반복적으로 학교 폭력을 행하는 사람은 마약을 복용하는 사람과 다를 리 없다. 그렇다면 이 처음을 늦추는 방법은 무엇일까?

가해자들은 사람들의 시선을 신경 쓴다. 많은 사람들이 보는 곳에서 처음부터 행하지는 않을 테니까. 이 부분을 건축적인 측면에서 바라보아야 한다. 학교에서 모두의 시선이 모이지 않는 곳은 어디인가? 우리가 학교 폭력이 만연한 영화나 드라마를 보면 쓰레기를 버리는 곳, 학교 뒤편 또는 옥상이 많이 등장한다. 이 장소들은 시선이 많이 모이지 않고 학교 선생님 또한 잘 오지 않는 곳이다. 어둠은 어둠을 찾아가기 마련이다.

공간을 바꾸어야 행위도 바뀐다

〈더 글로리〉에서 학교 폭력 장소로 가장 많이 등장하는 곳은 체육관이다. 드라마에 등장한 체육관은 문을 걸어 잠글 수 있고 깊숙한 공간이 따로 마련되어 있는데 이러한 공간을 밝고 개방적으로 만든다면 가해자의 공간이 되지는 않을 것이다. 학교 폭력 가해자들을 막을 수는 없지만 그들도 구경꾼이 많은 곳에서는 가급적 심한 가해는 하지 못할 것이다. 이렇게 밝은 공간은 건축 설계를 할 때 기본적으로 반영해야 하는 3가지, 동선, 빛 그리고 환기와도 관계가 있다. 동선은 물리적으로 움직이는 동선도 있지만 시각적 동선도 있다. 학교처럼 안전을 요하는

학교처럼 안전을 요하는 건축물은 시각적 동선을 고려하여 설계되어야 한다.

건축물은 관리 차원에서도 시각적 동선을 고려하여 설계되어야 한다. 이런 맥락에서 학교 폭력 가해자들이 시야가 닿지 않는 곳을 찾아다니다 보면 그 학교 폭력에 대한 가능성이 그만큼 줄어들 수 있으며, 모든 사람들이 바라보는 곳에서 가해를 하는 데 부담을 느낄 수도 있을 것이다.

빛도 마찬가지이다. 건축물은 내부에 충분한 빛이 유입되도록 설계되어야 한다. 이는 에너지 절약에도 도움이 되고 심리적으로 긍정적인 사고를 갖도록 도움을 준다. 학교 폭력 가해자들은 어둠을 좇는 사람들이기에 밝은 곳에서는 어두운 생각이 그만큼 줄어들 수 있다는 것이 건축의 심리적 기능이다. 또한 환기는 건강에도 긍정적이지만 대인 관계에도 긍정적인 역할을 한다.

학교 폭력 가해자들은 자신들이 정신적인 병을 앓고 있다는 사실을 정확하게 모른다. 어린 시절부터 남에게 피해를 입히는 습관을 버릇처럼 행하고 살았기 때문에 때로 그들은 그것이 정당한 행위라고 느낄 수도 있다. 그래서 밝은 공간과 공동체적인 동선을 통해 사회의 시선에서 벗어날 수 없음을 깨닫게 해 주어야 한다. 학교 폭력에 대한 영화나 드라마에서 등장하는 장소들은 대부분 어두우며 이러한 환경이 그들에게 주어졌기 때문에 가해자들은 대부분의 사람들이 갖고 있는 자제력을 잃고 이러한 환경에 용기를 얻어 행동하는 것이다. 공간은 궁극적으로 심리적 행위와 연관이 있다.

다양한 인적교류를 위한 열린 장소

〈더 글로리〉에 등장한 인상적인 장소 중 하나는 바로 야외에서 공개적으로 바둑을 둘 수 있도록 조성된 공원이다. 바둑 공원은 인천 서구

청라호수공원 청라루에 258㎡ 크기로 조성되어 있다. 촬영을 위해 만들어졌고 이후에는 인천시설공단이 이를 대중에게 공개했다.

도시는 시민의 것이다. 그러므로 정부는 도시민을 위하여 많은 영역을 제공해야 한다. 그중에 하나가 바로 공원이다. 공원은 도심 속 정적인 공간으로 많은 것들이 가능해야 하지만 반대로 많은 것들이 정지할 수도 있어야 한다. 좋은 도시는 공원이나 광장이 많다. 사전에서 공원의 정의를 찾아보면 '집이나 다른 건물이 없고 즐거움과 운동을 위해 사용할 수 있는 도시 안이나 근처의 공유지'로 정의하고 있다.

드라마에 등장하는 바둑 공원처럼 사실 유럽의 공원에는 다양한 즐길 거리가 가득하다. 가장 흔하게 볼 수 있는 것이 체스를 둘 수 있는 시설이다. 유럽의 공원에는 누구나 체스를 둘 수 있게 조성된 공간들을 쉽게 볼 수 있다. 이곳에 가면 혼자 체스판에 앉아 있는 사람과 동의 하에 체스뿐 아니라 다양한 게임을 할 수 있다. 이는 시민을 위한 공원을 제공하는 의미도 있지만 홀로 지내는 사람들에게 다양한 인적교류를 위한 장으로 기능하기도 한다.

이 드라마에서 이렇게 공개적으로 바둑을 두는 장소가 우리에게 신선하게 다가온 것은 사실 슬픈 일이다. 이러한 환경이 우리에게는 드물기 때문이다. 도시는 공원이나 공공 장소에 입장료를 받지 않고 누구에게나 출입이 허가되어야 한다. 서울에도 공원이 다양하게 있지만 서울의 1,000만 시민을 생각하면 그것은 없는 것이나 마찬가지이며, 각 동이나 구 또는 일정 지역에 따라 공원과 광장을 설치해야 한다. 그리고 충분한 규모를 갖추어야 하고 가능하면 수(水)공간을 갖고 있어야 한다. 수공간은 도시민들에게 심리적 치료에 좋은 작용을 하기 때문이다.

공원은 다양한 인적교류를 위한 장으로서의 기능을 한다.
특히 도시의 수(水)공간은 시민들에게 심리적 치료에 좋은 작용을 한다.

건물에 새로움을 주는 옥상정원과 베란다, 테라스

또 하나 이 드라마의 급박한 흐름 속에서 등장하는 여유로운 모습 중 하나가 주인공이 임대한 원룸의 주인이 가꾸는 꽃밭이다. 건물 주인 할머니는 옥상의 꽃들을 가꾸는 모습으로 짧게 등장하지만 의미심장한 대화를 이끌어 나간다. 이 꽃들이 바로 이 드라마의 제목을 나타내는 나팔꽃(Glory)이며 천사의 나팔꽃과 악마의 나팔꽃이 소개된다. 이는 주인공의 양면성을 보여주고자 함일 수도 있다. 이 대화가 이루어지는 곳은 옥상인데, 우리는 이런 곳을 옥상정원이라 부른다. 건축설계를 하다 보면 건물이 일직선으로 올라가면 옥상은 꼭대기에 하나만 생긴다. 이것은 그냥 옥상이다.

그런데 위층이 아래층보다 면적이 적을 경우 밑 층의 지붕이 드러나는데 이를 베란다라고 부른다. 테라스는 Terra(땅 또는 흙)라는 단어에서 유래하여 흙에 면하여 있는 것으로 지면에 붙어 있다.

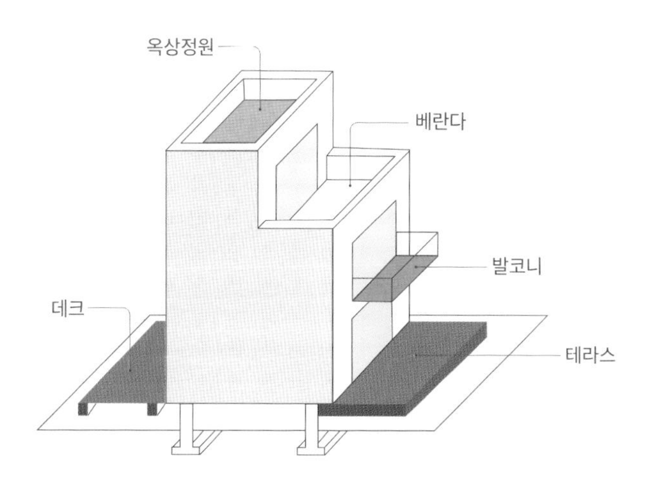

과거에는 대부분의 건축물이 상하 일직선으로 올라가는 형태가 대부분이라 베란다가 발생하는 경우가 적었으며 지붕 또한 박공지붕(삼각형 형태)이 일반적이라 옥상정원이 없었다. 그러나 르 코르뷔지에가 건축의 5요소 중 하나로 옥상정원을 꼽으면서 옥상정원에 대하여 관심을 갖게 되었고 많은 도시에서 이를 권장하기도 했다. 건축물의 하자는 대부분 옥상에서 발생하는데 옥상에 정원을 꾸미면 단열 효과도 있고 도시에 훌륭한 녹지를 구성할 수 있으며 구배(옥상면 배수를 위한 경사)를 잡는 데도 도움이 된다.

특히 베란다의 경우는 내부에서 바라보는 시야와 직접적인 관계가 있으므로 드라마처럼 녹지를 구성하면 좋은 환경을 만들 수 있다. 드라마에서 연진과 사라 그리고 혜정이 자주 모이는 장소도 베란다에 속한다. 이곳은 실제 강화도에 위치한 '멍때림'이라는 카페로 베란다를 잘 사용한 예이다. 협소한 공간에서 장소를 잘 활용하기도 했지만 내부에 갇혀 있는 일상에서 새로운 분위기를 만드는 좋은 예이다.

드라마에서 비춰지는 부유한 공간

학교 폭력 피해자인 문동은을 제외하고 학교 폭력 가해자들이 거주하는 공간은 대부분 럭셔리한 공간 구조를 보이고 있다. 럭셔리한 공간과 그렇지 않은 공간의 차이점은 바로 면적이다. 면적은 곧 공간 표현의 자유이다. 드라마에서 박연진의 집 구조는 인테리어를 하기에 충분한 면적을 갖고 있다. 드라마나 영화에서 부유한 가정의 인테리어를 가구로만 표현하는 것은 한계가 있다. 이 한계를 극복하기 위해 드라마는 배역들의 의상 디자인뿐 아니라 인테리어에서 차별화를 주기 위해 많은 노력을 쏟아부었다. 예를 들면 박연진 남편의 회사이다. 사장 하도영 사무실의 뒷배경을 보면 사선으로 지나가는 기둥이 보인다. 이는 수직으로 서 있는 흔한 기둥의 틀에서 벗어난 것으로 이 기둥의 형태 하나로 이 부분의 영상이 관심을 끌 만하다. 이러한 부분 하나만 보더라도 이 드라마는 디테일한 부분까지 신경쓰고 있음을 알 수 있다. 우리 주변에서 찾아보기 힘들 뿐이지 이러한 형태의 기둥을 적용한 빌딩은 많다. 이러한 기둥 구조들은 다이아몬드 형태를 닮아 다이아그리드 구조라 한다. 이 구조는 내부에 충분한 빛을 유입할 수 있고 내부에 기둥을 놓지 않아도 된다는 장점이 있다.

건축물에서 기둥은 외부에 놓거나 유리 안쪽에 놓기도 하는데 드라마에서는 유리벽 안에 기둥이 설치되어 있다. 기둥과 보가 건물의 무게를 떠받치는 구조에서 벽체는 칸막이와 같이 커튼 구실을 한다. 이러한 벽체 구조를 커튼월(Curtain Wall)이라 부른다. 즉 커튼을 치면 커튼이 월(시야가 더이상 가지 못하는 곳이 월이다.)이 되고 커튼을 걷으면 월이 사라지는 원리이다. 이러한 커튼월 건물은 최근 많이 늘고 있는 추세로 이는 내부공간 활용이 용이하고 에너지 절약에 더 효율적이기 때문이다.

주인공의 조력자인 주여정의 집은 복층 구조에 바닥부터 천장까지 통창 유리벽으로 둘러싸여 있고 넉넉한 주방과 거실이 눈에 들어온다. 더욱이 밖의 풍경은 자연으로 둘러싸인 분위기가 일반적이지 않다. 이곳은 사실 주거지가 아니라 파주시에 있는 '2398 스튜디오'이다. 여기서 우리는 의문을 갖게 된다. 왜 우리는 스튜디오 같은 주거를 갖지 못하는가?

모든 건축 디자인은 디자이너가 아니라 디자인을 선택하는 사람의 것

뉴욕 허스트 타워(Hearst Tower)
다이아그리드 구조의 건축물

이다. 건축가는 법규에 벗어나지 않으면 건축주가 요구하는 대로 설계를 해 준다. 모든 설계자는 최고의 설계를 건축주에게 선물하고 싶을 것이다. 그런데 그렇지 못한 데에는 몇 가지 이유가 있다. 첫 번째가 법규, 두 번째는 비용, 세 번째는 설계자의 능력이다. 여기서 바탕에 깔린 것이 바로 건축주의 의견이다. 그가 무엇을 바라는지 명확하게 설계자에게 제시할 수 있어야 한다. 명확하지 않은 채로 설계에 들어 가면 반드시 문제가 생긴다. 대부분의 사람들은 공간 밖보다는 공간 내에 머무는 시간이 길다. 그런데 많은 사람들은 건축물의 외부에 더 신경을 쓰고 안에서 밖을 바라보는 것에는 크게 시간을 투자하지 않는다. 이는 밖의 상황을 우리가 변경할 수 없다는 생각에서 기인한 것으로 여겨진다. 그러나 공간을 만들 때 안에서 밖을 어떻게 보이게 할 것인가 좀 더 고민해 본다면 다른 환경을 만들 수 있을 것이다.

Chapter 03.

스타일,
다양한 건축 양식들과
마주하다

동화 속 중세의 아름다움
도깨비

영화로 보는 유럽의 전원 풍경
창문 넘어 도망친 100세 노인

프랑스의 역사가 담긴 루브르 박물관
다빈치코드

영국 브루탈리즘 건축
1984 & 시계태엽 오렌지

그리스 부흥 양식 주택
우리 집에 유령이 산다

간단명료의 끝, 미니멀리즘 건축
마당이 있는 집

국가를 대표하는 건축물
6 언더그라운드

도깨비(Goblin)

방영일 2016.12.02.
장르 TV 드라마, 로맨스 판타지
연출 이응복

동화 속 중세의 아름다움

도깨비

〈도깨비〉는 슬픈 스토리를 가진 드라마지만 여주인공의 발랄함에 그저 즐거운 마음으로 봤던 기억이 남아 있다. 특히 "사랑해요"라는 여주인공의 고백에서는 사랑이 뭔지도 모르는 천진난만함에 웃음이 나온다. 이 장면에 등장하는 캐나다 퀘벡의 아름다운 모습에선 촬영 감독이 영상에 얼마나 공을 들였는지를 알 수 있다.

퀘벡은 캐나다에 있는 프랑스라 생각해도 과언이 아니다. 2016년도 통계에 따르면 퀘벡 주민의 94%가 자신을 프랑스계 캐나다인으로 생각한다고 답했다. 도시 내 대부분의 사람들은 프랑스어를 사용하고 영어를 제2외국어처럼 사용한다.

퀘벡은 캐나다에서 면적으로는 가장 크고 인구 수로는 두 번째로 큰 도시이다. 퀘벡이라는 단어의 어원은 좁은 통로라는 뜻에서 비롯된 것으로 실제 위치도 세인트 로렌스강 주변의 협곡에 세워져 있다. 뉴프랑스가 식민지로 삼은 1534년부터 영국에게 넘어가기 전 1763년까지 이곳은 캐나다로 불렸다. 뉴프랑스의 가장 발전된 식민지였으며 그 후 영국과 프랑스의 7년 전쟁에서 프랑스가 패하면서 영국령이 되었다.

올드 퀘벡에는 1893년도에 개장한 '샤토 프롱트낙'이라는 이름의 호텔이 있다. 드라마에서는 도깨비가 호텔의 설립자로 표현되고 있는데 이는 아주 재미있는 발상이다. 사실 이 호텔은 캐나다 태평양 철도회사에서 건설하고 페어몬트 호텔 앤 리조트 회사에서 관리하며 브루스 프라이스(Bruce Price)가 설계했다. 2011년에 건물의 석조공사와 지붕을 교체한 상태로 지금은 초기 모습과 많이 달라졌다. 이 호텔은 전 세계 호텔 중 방문자가 가장 많은 호텔들 중 하나로 퀘벡를 기억하게 하는 중요한 역할을 한다. 이 호텔은 바로크 양식을 갖고 있는 듯 보이지만 엄격하게 분석해 보면 중세의 로마네스크 형태를 띠고 있다. 당시에 지은 이곳의 건축물들은 대체로 가파른 박공지붕의 형태를 보이는데 아마도 눈이 쌓이는 것을 방지하기 위한 대안으로 보인다.

퀘벡 내 다른 곳의 주거 형태도 이들을 축소해 놓은 듯한 모양인데 이는 대부분 당시 노르망디에서 이주해 온 정착민의 주거 형태이다. 그러나 이곳의 환경에 맞게 프랑스계 캐나다인의 입맛대로 변화했다. 가파르고 면적이 큰 경사 지붕은 눈이 쌓이는 걸 방지해 준다. 이 도시에 자리한 수백 채의 주택은 뉴프랑스 시대에 지어졌는데 목조로 지어진 것은 대부분 사라지고 돌로 지어진 것들만 지금까지 남아 있다.

퀘벡시의 건물들은 대체로 박공지붕으로 설계되었는데
이는 눈이 쌓이는 것을 방지하기 위한 대안일 것이다.

퀘벡시의 아름다운 거리

퀘벡의 골목에서 찾는 아름다움

퀘벡은 프랑스의 영향과 영국의 영향을 받아 두 개의 문화가 공존하는 도시이다. 그래서 어디선가 본 듯하지만 또 다른 이미지를 전달해 준다. 그런 퀘벡의 진짜 아름다움은 거리에 있다. 드라마에도 두 주인공이 거리를 걷는 장면이 나온다. 화면에 등장하는 거리는 전체 퀘벡 거리의 10분의 1도 안 된다. 프랑스와 영국 스타일의 건축물, 요새, 석조 건물, 좁은 조약돌 거리가 있는 올드 퀘벡은 1985년부터 유네스코가 인정한 역사적인 지역이다. 보행자는 거리를 걸으며 테라스 레스토랑들의 축제 분위기를 즐길 수 있다.

다채로운 간판과 고풍스러운 상점이 있는 쁘띠 샹 플랭 거리(Quartier Petit Champlain)는 관광객이 사진을 가장 많이 찍는 곳이며, 무서운 계단이라 이름 붙은 절벽의 전망은 꼭 봐야 하는 곳이다. 둥근 건물과 여름에 다양한 장식이 걸려 있는 퀼드삭 거리(Rue Du Cul-de-sac), 집집마다 사연이 있고 거리가 돌집으로 가득찬 루수 르 포르(Rue Sous-le-Fort) 거리, 엔티크 상점과 화려하지 않은 창문으로 가득한 건물들로 채워진 뤼 생 폴(Rue Saint-Paul) 거리, 뉴프랑스 시대를 느끼게 해 주는 루 수 르 캅(Rue Sous-le-Cap) 거리, 성벽으로 이뤄진 담장과 돌로 채워진 코트 뒤 콜로넬 담부르제(Côte du Colonel Dambourgès) 거리는 어떤 사진을 찍어도 아름다운 사진을 얻어 갈 수 있다. 상점으로 가득한 루 생장(Rue Saint-Jean) 거리는 퀘벡의 활기를 느낄 수 있고, 호빗을 연상하게 하는 낮은 집으로 가득찬 루 도나코나(Rue Donnacona) 거리는 빨간색 문으로 도배된 집들로 다채로움을 느낄 수 있으며, 미술관 거리로 유명한 뤼 뒤 트레저(Rue du Trésor) 거리에는 벽면이 모두 그림들로 가득해 예술적인 감성을 물씬 풍긴다. 루 생 앤(Rue Sainte-Anne) 거리에서는 초상화를 그려주는 예술가들을 만날 수 있고, 루 생 루이(Rue Saint-Louis) 거리는 창문의 덧문이 아름답게 보이며, 애비뉴 생드(Avenue Saint-Denis) 거리를 가면 고급 주택으로 가득한 모습을 볼 수 있다. 퀘벡에서 이 거리들을 보지 않으면 도시를 보았다고 말할 수 없다. 퀘벡이 우리에게 더 아름답게 보이는 이유 중 하나는 바로 동화 속 중세 또는 근세의 아름다움을 경험하게 하는 모습 때문이다.

도깨비의 집이었던 운현궁 양관

〈도깨비〉에서 남자 주인공인 김신이 머무는 곳은 운현궁 양관이라는 건물이다. 운현궁 양관에 대한 해설판에는 'Western Style Building'이라 써 있다. 또한 흥선 대원군의 손자 이준용이 일본인 건축가에게 설계를 의뢰하여 1911년에 준공한 건물이라고 적혀 있다. 이 드라마에서 도깨비는 천 년 이상을 살았고 저승사자 또한 오랜 기간을 살고 있는 존재이다. 그들의 공통점은 과거와 연결되어 있다는 점인데, 그러기에 클래식한 이 건물의 디자인과 잘 어울린다. 운현궁 양관은 '프렌치 르네상스' 스타일로 지어진 건축물이라고 하는데, 르네상스와는 약간 다른 특징을 보여준다.

르네상스의 배경에는 비잔틴의 멸망이 있었다. 기독교 국가의 마지막 보루였던 비잔틴 제국이 이슬람에 망하면서 기독교 국가의 충격은 컸다. 여기서 기독교의 정체성이 흔들리고 이것이 곧 인간의 정체성으로 연결되면서 인문학의 발달이 시작된다. 르네상스 이전은 중세이다. 중세는 신본주의 즉, 기독교의 시대였다. 그래서 르네상스는 기독교가

운현궁 양관은 프렌치 양식의 건축물이라고 하나 면밀히 살펴보면
당시 미국에서 유행했던 아르데코와 신고전주의 양식을 접목한 건축물이다.

아닌 그 이전의 시대로 눈을 돌리게 된다. 그것은 바로 그리스와 로마가 존재했던 고대이다. 이 시대에는 성경이 아닌 철학과 인간의 학문이 주를 이루었던 시대로 르네상스는 문법, 웅변, 시 그리고 역사라는 4가지의 학문 범위를 설정하여 고대에서 배우기 시작한다. 이것이 인본주의의 바탕이라 생각한 것이다.

학문뿐 아니라 건축을 포함한 예술 분야에서도 이러한 양상을 볼 수 있는데 이러한 디자인 표현으로 등장하는 것이 바로 대칭, 비율, 규칙으로 이들은 고대 건축, 즉 고대 로마 건축에 잘 나타나 있다. 정방형의 대칭, 반구형 돔, 상인방 등을 중세보다 더 규칙적으로 배열했다. 여기서 주목해야 하는 것이 바로 아치이다. 첨두 아치가 강조되었던 고딕 양식과 다르게 르네상스 건축 형태는 로마의 반원형 아치를 반드시 포함했다. 백년 전쟁 후 프랑스는 그들만의 르네상스 디자인을 만들어 내는데 이를 프렌치 르네상스라 한다. 프렌치 르네상스의 디자인을 보면 지붕에 굴뚝 및 작은 탑이 많이 보이고 지붕에 창문이 있으며 입구에 다양한 장식 명판과 조각 장식으로 꾸며 놓기를 좋아했다.

또한 프렌치 르네상스의 큰 차이점은 기둥의 사용 방식에 있다. 무거워 보이는 순서대로 놓아 위로 올라가는데 밑에는 도리아식, 중간에는 이오니아식 그리고 맨 위에는 코린트식 기둥을 배치한다. 또한 프랑스식으로 기둥을 디자인하여 기둥의 중간에 수평 띠를 놓는 경우가 많다. 하지만 이 도깨비가 사는 건물, 즉 운현궁 양관은 프렌치식 르네상스와는 거리가 멀다. 특히 발코니와 포치(현관 외부에 있는 공간)가 있는 르네상스 건축물은 프랑스를 포함하여 세계 어디에도 없다. 그러므로 이 건물은 당시 미국에서 유행했던 신고전주의 건축물일 뿐이다. 건물 입구의 아치 부분이 일체형으로 보이는 것은 마감을 한 것인지 아니면 하나의 석재인지 정확하게 알 수 없지만 이는 아치에 대하여 잘 모르는 사람의 작업임을 보여준다.

일제 강점기에 국내에 들어왔던 서양식 건물의 뿌리는 선교사들에게서 찾을 수 있다. 이들을 통하여 서구식 도면이 유입되었고 그들의 요구에 따라 건물들이 지어졌다. 당시 서구는 모던의 움직임이 활발했고 클래식보다 모던한 건축물의 디자인을 시도하던 시기였지만 대부분의 선교사들은 교회의 모습을 선호했고 모던한 건축물을 지어내기에는 우리의 건축 기술도 한계가 있었다. 그렇기에 당시 미국에서 유행하던 아르데코와 신고전주의 양식의 클래식한 건물 형태가 공관의 건축물로 주를

프랑스 툴루즈, 호텔 아세자(Assézat)
프렌치 르네상스 양식의 기둥을 볼 수 있는 건축물
왼쪽부터 도리아식, 이오니아식, 코린트식 기둥

이루었으며 이러한 형태를 선교사들이 들여옴으로써 우리에게도 영향을 주었다.

도깨비 신부가 다닌 고등학교

여자 주인공 지은탁이 다녔던 고등학교 또한 독특한 모습이 눈길을 끈다. 이 건물은 종로구에 위치한 중앙고등학교이다.

이 건물은 1930년대에 지어졌다. 이 시기는 일제 강점기로 일본의 교육 체제가 아주 미비해 초등교육 수준에 머물렀다. 그래서 선구자들이 자발적으로 학교를 세우는 경우가 많았다. 이 중 많은 학교들이 상업학교였으며 대부분 중등을 합친 6년제로 운영되었다. 모 신문에서는 이 건축물을 고딕 양식이라 언급했는데 아마도 중앙의 첨탑이 수직적인 형태였기 때문일 것이다. 건물 중앙에 탑이 있고 입구에 아치가 있으나 이는 로마 아치처럼 반원형이다. 그래서 이 형태는 오히려 로마네스크적인 이미지가 더 강하다. 동시에 지붕에 나열되어 있는 창을 보면 프렌치 르네상스와 연관이 있기도 하다. 클래식한 건축물의 특징인 좌우대칭, 조적조, 아치나 그리스 양식의 요소 등도 관찰된다. 그래서 우리는 이 건물을 클래식하다고 생각하지만 어느 양식이라고 꼭 집어 말하기는 어렵다.

〈도깨비〉는 과거와 현재를 이어주는 시간적 의미를 가진 작품으로, 클래식한 형태의 건축물이 많이 등장한다. 클래식한 건물들은 모던한 건물에 비해 장식적인 요소가 많고, 부유함을 나타내는 데 많이 쓰인다. 이러한 디테일들을 찾아내며 작품을 볼 수 있다면 내용을 더 풍부하게 감상할 수 있을 것이다. 디테일은 곧 전체를 다르게 보이게 하는 능력을 갖고 있기 때문이다.

중앙고등학교
우리나라 사적으로 등록된 건축물로 로마네스크 형태, 프렌치 르네상스 양식의 창문, 고딕 양식의 첨탑 등 여러 가지 건축 양식을 보여준다.

창문 넘어 도망친 100세 노인
(The 100 year old man who climbed out the window and disappeared)

개봉일 2014.06.18.
장르 모험, 코미디, 드라마
감독 플렉스 할그렌

영화로 보는 유럽의 전원 풍경

창문 넘어 도망친 100세 노인

이 영화는 주인공이 100세 생일을 맞이한 날, 창문을 넘어 양로원을 벗어나는 것으로 시작한다. 영화에서는 노인의 목조주택에 달린 목재창과 양로원에 달린 유럽식 시스템 창호 두 가지의 창문을 만나볼 수 있다.

노인의 집을 관찰해 보면 밖으로 열리는 두 개의 창문과 창대에 화분 하나가 놓여 있는 것을 볼 수 있다. 창문 프레임이 알루미늄이 아니고 목재로 되어 분리되면 구조상 이점이 있다. 요즘의 창문은 알루미늄 시스템 창호가 많아 큰 형태를 갖추었다. 이러한 창문들은 대부분 안으로 열리게 되어 있지만, 과거에는 밖으로 열리는 창문이 일반적이었다. 외부와 연결된 창문이나 문은 밖으로 열리는 것이 여러 가지 면에서 옳다. 안의 오염된 공기가 밖으로 원활하게 빠져나가고 내부 온도를 유지하는 데 큰 장점이 있기 때문이다. 안으로 열리면 밖의 공기가 안으로 들어오면서 내부 온도를 유지하기가 어렵다. 창문이 밖으로 열리면 내부 창대에 화분이나 다른 장식물을 놓을 수 있는 장점이 있고, 창문 옆에 탁자를 놓거나 탁자 위에 여러 가지를 놓아도 창문에 방해를 받지 않아 좋다.

유럽 시스템 창호는 진공 유리로 되어 있고 손잡이가 있어 위, 옆 그리고 밑으로 움직일 수 있다. 위로 올리면 창문이 위만 열리고, 옆으로 돌리면 완전히 열 수 있으며 아래는 잠금이다. 이는 공간을 환기하는 경우에 선택하는 것으로 겨울에 공간을 환기할 때 위의 따듯한 공기만 빠져나가게 할 목적으로 창문의 상부만 열 수 있도록 설계한 것이다.

밖으로 열리는 창문은 내부 온도를 유지해 주는 장점이 있다.

독일 비스마르 기차역(Wismar Railway Station)
초기 모던 양식의 기차역

유럽의 대도시는 기차역이 분산되어 있지만 소도시는 대부분 하나의 기차역이 도시 입구를 담당하고 있다. 우리와 상황이 많이 다르지 않다. 소도시들은 아직도 공공교통을 많이 사용하고 있고, 자전거를 타고 역에 오는 경우가 많으며, 기차 이용 빈도가 높다. 더욱이 도시를 연결하는 일반 버스는 반드시 그 도시의 기차역을 지나기 때문에 기차역이 아직도 필요한 이유가 된다. 대도시의 중앙역은 도시 인구 증가와 기차 수요가 높아져 역사를 현대화하거나 규모를 확장하지만 소도시 역사는 아직도 과거의 규모를 간직하고 있다. 대부분의 역사가 기차를 주 이동수단으로 사용했던 초기 모던 양식의 건축물이 많다. 하지만 영화 속 기차역은 클래식도 아니고 완전한 모던도 아닌 과도기의 건축 양식을 보인다.

지면과 현관 사이의 단 차이는 건축적으로는 지열을 피하기 위한 목적으로 만들어졌는데 홍수 발생 시에는 물이 건물 내부로 들어오는 것을 방지하는 역할을 한다.

영화에 등장하는 건물들을 보면 지면에서 일정한 높이에서 벽돌 벽이 시작되는 것을 볼 수 있다. 지열을 차단하는 목적으로 하단의 콘크리트 위에 내부 바닥을 얹은 것이다. 그래서 현관에서 바로 내부로 들어가는 것이 아니라 몇 칸의 계단을 올라가야 하며, 지하가 있는 경우도 많다. 과거 역사 속에서 많은 전쟁을 치르면서 식량을 보관하거나 대피소로 사용하기 위해 만들어진 것이기도 하지만 건축적으로는 지열을 피하기 위한 목적으로 만들어진 것이다. 그래서 현관을 들어설 때 대부분 계단을 통하여 들어가는 단이 있는데, 홍수 때 물이 건물 내부로 들어오는 것을 방지하는 역할도 한다.

주인공이 거주하는 마을의 건축물은 대부분 목조 주택이다. 목조 건물의 최대의 문제는 습기다. 그래서 거의 모든 조건을 여기에 맞추어야 한다. 위에서 내려오는 빗물을 지면까지 내려오게 하는 홈통(Gutter) 또한 많은 역할을 한다. 2층 구조로 된 주택의 2층 홈통은 지붕에서 내려오는 빗물을 1층 지붕의 물받이로 보내고 1층의 홈통이 이를 지면으로 내려 보낸다. 홈통이 지면에 닿는 부분도 중요한데, 지면에서 떨어져 있으면 비가 많이 흘러내리는 경우 지면이 패일 수 있기 때문에 건물에 좋지 못한 영향을 미칠 수 있다. 그래서 홈통이 맞닿는 지면에 콘크리트 처리를 하거나 바로 하수구로 흘러 들어가게 하는 것이 좋다. 하부가 석재로 되어 있으면 큰 영향은 없겠지만, 그렇지 않은 경우는 시간이 지난 후 건물 내부에 좋지 못한 영향을 끼칠 수 있다.

처마 부분을 보면 사이드는 철재로 막아 놓았지만, 처마가 끝나고 물받이가 있는 곳은 막지 않고 그대로 오픈되어 있는 것을 볼 수 있다. 목조 주택은 이 부분이 아주 중요하다. 목조는 습기에 약하기 때문에 환기가 잘 되어야 한다. 그래서 처마 하부에서 공기가 들어가 위로 빠져나가게 하여 건조한 상태를 유지해야 수명이 길다.

목조 주택을 건축할 때 외부 벽의 목재를 하부는 수평으로 설치하고 상부는 수직으로 설치하는 것 또한 전체적으로 안정감을 주는 이미지 효과도 있지만, 상부보다는 하부에 물이 더 많이 몰리기 때문에 빠르게 흐르도록 하기 위해서이다.

유럽은 대개 중앙난방 시스템을 사용한다. 노인이 지냈던 양로원처럼 주로 창문 밑에 난방장치를 설치하는데 가정을 포함한 대부분의 공간에서 흔히 볼 수 있다. 우리나라의 경우는 온돌이 주를 이루었고 지금은 냉난방을 겸용하는 EHP(Electric Heat Pump)가 대부분 설치되었지만, 과거에 사용했던 이러한 난방 시스템을 얼마 전까지 볼 수 있었다.

이 난방 시스템은 반드시 외부와 통하는 창문 밑에 설치하는 것이 옳다. 그 이유는 외부에서 들어오는 찬 공기가 아래로 향하는데, 이를 덥혀서 공간으로 보내는 원리를 적용하기 때문이다.

집 내부의 벽면에도 주목할 필요가 있다. 벽면의 상부는 베이지색, 하부는 밤색 목재로 마감해 두 면으로 분리된 듯한 느낌을 준다. 만일 이 벽이 하나의 재질이나 컬러로 되어 있다면 어떨까? 벽에 흠집이 생길 경우 벽면 모두를 교체해야 할 것이다. 그러나 이렇게 분리되어 있는 경우에는 손상된 부분만 교체해도 된다. 경제적인 이유에서 이렇게 분리한 것이다.

문 아래에 덧댄 철판도 마찬가지이다. 문의 하단부는 발과 가방 등이

상부와 하부의 마감이 다른 벽면과 하부에 철판을 덧댄 문

부딪혀 손상이 많은 부분이다. 사람들의 이용이 잦아지면 문을 교체해야 하는 상황이 자주 발생할 수 있다. 그래서 문 하부에 철판을 붙여 보호한 것이다. 이처럼 우리 곁엔 미적으로 보이는 것 같아도 사실은 실용적인 상황이 먼저인 것들이 많다.

현관 앞에 마련된 작은 공간은 포치(Porch)라 부르는 것으로 우리의 주택 형태에서는 흔히 볼 수 없는 낯선 공간이다. 이 공간은 미국의 건축물, 특히 주택에도 많이 등장하는데 미국의 경우에는 삼각 지붕의 형태로 되어 있다. 이는 민주주의의 발상지인 그리스 양식을 의도적으로 사용한 것이다. 이 포치만 보아도 미국 주택의 형태는 유럽에서 건너갔음을 알 수 있다.

이 영화는 다른 영화와는 다르게 등장하는 건물이 그렇게 특이하지 않다. 어딜 살펴봐도 스웨덴의 일상적인 건물들이 들어차 있다. 유럽의 다른 나라와도 크게 차이 나지 않는다. 이는 주인공인 100세 노인의 모습과도 닮아 100세를 사신 어르신의 삶이 크게 다를 것이 없음을 보여주는 듯하다. 그러면서도 각각의 건물은 스웨덴 건축의 중요한 요소를 보여주고 있다. 영화의 내용도 의미가 있겠지만 우리와 그들의 주택형태를 비교하면서 본다면 또 하나의 재미가 될 것이라 생각한다.

스웨덴의 전통 목조 주택

다빈치코드(The Da Vinci Code)

개봉일 2006.05.18.
장르 미스터리, 드라마, 스릴러
감독 론 하워드

프랑스의 역사가 담긴 루브르 박물관

다빈치코드

영화 〈다빈치코드〉는 제목에서부터 르네상스의 천재 레오나르도 다빈치(Leonardo da Vinci)를 떠오르게 한다. 다빈치는 기독교가 학문과 삶의 근간을 이루던 시대에 인간의 지혜와 눈으로 세상을 바라보는 새로운 관점을 제시했다. 특히 인체를 저주받은 물체로 여겼던 1,000년의 기독교 중세 시대를 넘어 인체의 신비를 연구함으로써 인문학의 새로운 발판을 만들었다. 그는 사람이 가진 희로애락을 담아 예술을 표현하던 로마 시대의 관점을 다시 끌어들여 인간의 삶이 기본이 되게 하였으며, 종교에 제한되었던 당시 인류의 사고를 한층 더 넓혀주었다. 대표적인 예로 '인체 비례도'가 있는데, 로마 시대의 건축가 비트루비우스

(Vitruvius)의 저서 『건축술에 대하여(De Architectura)』를 읽고 그린 것이라고 한다.

다빈치는 서자로 태어나 세상을 분해하고 이해하였으며, 이를 긍정적인 조립으로 만들려 했다. 그에게 분해는 내부를 알기 위한 과정이 아니라 왜 그렇게 보이는지 이해시키려는 행위였다. 그래서 보이는 대로 그리는 것이 아니라, 껍데기에 가려진 내면과 그 영향을 받은 외면을 나타내려 시도하였다.

그의 재능은 어린 시절부터 두각을 보였고, 14세 무렵에는 당대의 유명화가 안드레아 델 베로키오(Andrea del Verrocchio)를 만나 꽃을 피웠다. 어쩌면 그의 인생에서 가장 중요한 행운이었는지도 모른다. 베로키오는 당시 그 유명세로 인해 견습생이나 공동 작업하는 예술가들이 많았기 때문에 피에트로 페루지노, 산드로 보티첼리, 로렌초 디 크레디 등 내로라하는 거장들을 만날 수 있었다. 다빈치는 이곳에서 7년 동안 조수로 일했다.

중세의 관점에 균열을 낸 레오나르도 다빈치

사실 '최후의 만찬(The Last Supper)'이라는 작품은 두 개가 있다. 하나는 산타 마리아 델레 그라치에 성당(Santa Maria delle Grazie)에 있는 다빈치의 '최후의 만찬(1498)'이고, 다른 하나는 시에나 대성당(Duomo di Siena)에 있는 두초 디 부오닌세냐의 '최후의 만찬(1311)'이다. 두 작품을 비교하면 두치오의 작품은 천장에 원근법이 적용된 것처럼 보이나 식탁이나 사람의 크기를 보면 전혀 적용되지 않았음을 알 수 있다. 반면, 다빈치의 작품에 나타난 원근법은 최초로 시도한 것이라는 점에 놀라지

다빈치의 '최후의 만찬'

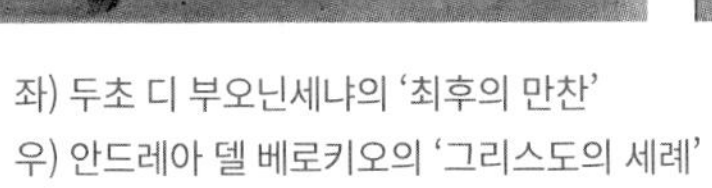

좌) 두초 디 부오닌세냐의 '최후의 만찬'
우) 안드레아 델 베로키오의 '그리스도의 세례'

않을 수 없다. 이러한 시도가 바로 인문학적 시도가 아닌가 한다. 기독교 시대인 중세에도 이러한 시도는 있었을 수 있지만, 신의 시야에 나타나지 않거나 비뚤어지거나 좁아지는 변형은 중세의 가치관으로는 이해할 수 없는 것이기 때문이다. 그러나 다빈치는 그림에 원근법을 적용하였고 많은 화가들에게 깨우침을 주었다. 특히 주인공을 소실점에 두는 방식은 그림을 훨씬 안정적으로 보이게 함을 알 수 있다.

다빈치의 작품들을 살펴보면 후광이 중세보다 많이 생략된 것을 알 수 있다. 이는 르네상스가 중세보다 인간의 시각이 더 반영되었음을 보여준다. 생략된 후광이 다빈치의 의도였음은 스승 베로키오와 함께 그린 '그리스도의 세례'와 비교해 보면 명확하게 알 수 있다. '그리스도의 세례'에는 후광을 중세 시대와 같은 금색으로 표현하는 반면, 다빈치가 독자적으로 그린 그림에는 후광이 없거나 약하게 표현되어 있다.

또한 소식을 중요시하던 관습 때문에 과거에 그려진 '최후의 만찬'과 비교했을 때 음식이 더욱 간소화되었음을 알 수 있다. 이처럼 그는 언제나 작품에 자신의 의도를 담았다. 그것을 당시의 일상적인 방법이 아니라 기존의 표현을 벗어난 새로운 시도를 통해 선보였으며, 이것은 우리에게 다빈치만의 코드로 인식되었다.

<다빈치코드>의 배경이 루브르 박물관인 이유

영화 〈다빈치코드〉는 세미나를 위해 파리에 들른 주인공이 루브르 박물관(Musée du Louvre)에서 일어난 살인사건에 휘말리는 것으로 이야기가 시작된다. 왜 루브르 박물관이었을까? 많은 사람들이 '프랑스' 하면 에펠탑을 떠올릴 것이다. 그러나 에펠탑은 외부에서 바라보는 상징에 가깝다. 프랑스인이 생각하는 프랑스의 대표격 건축물은 루브르 박물관으로 과거의 영광을 상징한다.

루브르 박물관은 원래 필리프 2세에 의해 12세기 후반에서 13세기에 지어진 '궁전'이었다. 당시 잉글랜드 왕국이 여전히 노르망디를 장악하고 있었기 때문에 서방의 공격으로부터 도시를 보호하기 위해 지은 요새였다. 그러나 도시 확장으로 인해 요새는 결국 방어 기능을 상실했으며, 1546년 프랑스 왕의 궁전으로 전환되었다. 그 과정에서 여러 번 확장되었는데, 지금도 지하실에는 당시의 잔해가 있다고 한다.

루이 14세가 베르사유 궁전으로 왕궁을 옮긴 1682년을 계기로 루브르 궁전은 다시 변모하기 시작했다. 루이 14세는 이곳에 왕실의 후원을 받는 예술가들을 거주하게 하는 동시에 고대 그리스·로마의 조각 컬렉션을 포함한 왕실 컬렉션을 전시하는 장소로 활용했다. 당시 작업을 맡았던 캐비닛 뒤 로이가 궁전을 리모델링하면서 서쪽에 7개의 방을 구성했고, 왕실 컬렉션 대다수가 1673년에 이 방에 놓이게 되었다.

이후 이 방은 미술관이 되었고 시간이 흐르면서 특정 예술 애호가가 일종의 박물관으로 이곳을 이용하게 되었다. 1681년 궁정이 베르사유로 옮겨진 후 26점의 그림이 그곳으로 옮겨져 루브르 소장품이 다소 줄어들었지만, 1684년부터 파리 가이드북에 언급되어 다시 활성화되기 시작한다.

1692년부터는 아카데미로 사용하기도 했는데, 이 아카데미는 무려 100년 동안 남아 있었다. 18세기 중반에는 루브르 궁전에 공공 갤러리를 만들자는 제안이 점점 많아졌고, 1747년 미술 평론가 에티엔 라 퐁드 생-티엔(Etienne La Font de Saint-Yenne)은 왕실이 보유한 컬렉션을 루

건축가 이오 밍 페이(I.M. Pei)는 루브르 박물관 중앙에
유리 피라미드를 통해 접근할 수 있는 마스터플랜을 제안했는데,
이것이 바로 루브르 피라미드다.

브르에 전시할 것을 요청한다. 이를 계기로 1750년 10월 14일, 루이 15세는 룩셈부르크 궁전이 보유한 갤러리 로얄 드 핀튀르의 왕실 컬렉션 96점을 루브르에 전시할 것을 선언한다.

본격적으로 박물관의 역할을 수행한 것은 1789년 프랑스 대혁명 이후로, 당시 프랑스 국민의회는 루브르 박물관을 국가의 걸작을 전시하는 박물관으로 사용해야 한다는 결정을 내렸다. 1793년 8월 10일에 537점의 그림 전시회와 함께 문을 열었는데, 당시의 소장품은 대부분 혁명 기간에 몰수한 왕실 및 교회 재산이었다.

루브르 박물관의 소장품은 여러 차례에 걸쳐 늘어났다. 나폴레옹 시대에 많은 소장품이 들어오면서 나폴레옹 박물관으로 이름이 바뀌기도 했지만, 나폴레옹 퇴위 후 그의 군대가 압수했던 많은 물품들이 원소유자에게 반환되었다. 그 뒤 루이 18세부터 샤를 10세까지의 집권기를 거치며 박물관의 소장품은 다시 늘어났다. 프랑스 제2제국 기간에는 무려 2만 점의 소장품을 더 수집할 수 있었다. 프랑스 제3공화국 이후부터는 기부와 유증을 통해 꾸준히 성장하고 이를 정리했는데, 8개의 큐레이터 부서(이집트 고대 유물, 근동 고대 유물, 그리스·에트루리아·로마 고대, 이슬람 예술, 조각, 장식 예술, 회화, 인쇄 및 그림)로 분류한 것이 오늘날까지 이어진다. 현재 루브르 박물관에는 60,600㎡가 넘는 공간에 영구 컬렉션 전용의 8개 큐레이터 부서에서 380,000개 이상의 오브제와 35,000점 이상의 예술 작품이 전시되어 있다.

1981년, 프랑스 대통령 프랑수아 미테랑(François Mitterrand)은 국가적인 건축사업인 그랑 프로제(Grands Projets) 중 하나로 루브르 박물관에 있던 재무성을 이전하는 방안을 제안했다. 당시 재무성은 루브르 박물관 북쪽 건물의 거의 전체를 차지하고 있어 동선에 불편함이 따랐기 때문이다.

1984년, 미테랑이 직접 선택한 건축가 이오 밍 페이(I.M. Pei)는 박물관으로 들어갈 수 있는 지하 입구를 포함하는 마스터플랜을 제안했는데, 이것이 바로 그 유명한 루브르 피라미드다. 피라미드를 둘러싼 열린 공간은 1988년 10월 15일, 지하 로비는 1989년 3월 30일에 개장했다. 일련의 과정을 거친 결과 2002년 루브르 박물관의 방문객 수는 그랑 루브르 박물관 이전 수준에서 두 배로 증가한다.

프랑스의 박물관 앞에 왜 유리 피라미드를 세웠던 걸까

영화에서 주인공이 수사관과 함께 루브르 박물관으로 들어가는 장면에서 이 피라미드를 볼 수 있는데 이 피라미드는 정말 많은 영화에 등장한다. 영화 〈원더우먼(Wonder Woman)〉의 주인공이 일하는 곳이 루브르 박물관이며, 〈엣지 오브 투모로우(Edge of Tomorrow)〉에서도 영화의 마지막 장면에 이 루브르의 유리 피라미드가 등장한다. 『뉴욕 타임스(The New York Times)』에 따르면 500편 이상의 영화, 뮤직비디오 등에 이 유리 피라미드가 등장한다고 하니 아마도 영화에서 가장 많이 등장한 건축물일 것이다.

미테랑이 왜 피라미드를 선택하였으며, 왜 중국계 미국인인 이오 밍 페이라는 건축가를 직접 선택하였을지 의문을 가져 본다. 미테랑은 당시 국가 코드를 문화로 삼고 많은 일을 하였다. 그에게는 문화 정책을 정하고 프랑스의 옛 영광을 다시 재현하고자 하는 의지가 있었던 것 같다. 그렇다면 우리가 가지고 있는 형태 중 영광을 의미하는 형태는 무엇일까? 만일 영광을 나타내는 형태를 그리라면 어떤 형태를 그릴까? 미테랑은 왕의 무덤을 떠올렸는지도 모르겠다.

역사 속 많은 군주 중에서도 파라오는 신격화된 가장 위대한 영광을 가졌던 지배자였다. 파라오의 무덤인 삼각뿔 형태의 피라미드는 지구상에 존재하는 어떤 왕의 건축물보다도 위대함을 나타내며 현존하는 건축가 중 삼각형을 가장 잘 표현하는 건축가는 이오 밍 페이다. 그래서 미테랑은 직접 그 건축가를 선택해 프랑스의 옛 영광을 상징하는 건축물을 주문했을 것이다.

반면, 페이는 '왜 나인가?'라며 고민했을 것이다. 자신의 건축물을 뒤돌아보면서 자신의 스타일과 특기, 자신을 선택한 의도를 생각했을 것이다. 삼각형을 가장 잘 표현하는 건축가, 이오 밍 페이의 건축물 형태의 근본은 역시나 피라미드이다. 그는 아마도 미테랑 대통령의 의중을 잘 파악한 것 같다. 피라미드의 재료는 석재이다. 그의 작품도 대부분 석재 건축물이다. 그러나 미테랑의 주문은 과거 프랑스의 영광을 현대에서 재현하는 것이었다. 석재는 시야가 막히기에 적당한 재료가 아니었다.

이집트인에게 피라미드는 영광의 상징이자 이정표였다

여기서 잠시 이집트 피라미드는 왜 그렇게 큰 규모를 가지고 있는지 생각해 보자. 피라미드를 단순히 왕의 무덤이라고 하기에는 부족함이 있다. 피라미드는 무덤을 넘어 하나의 성전처럼 취급되는데, 그 규모가 상상 이상이고 내부에 다양한 공간이 구성되어 있다. 피라미드를 이해하기 앞서 우리는 이집트를 부분적으로 살펴볼 필요가 있다.

이집트에는 나일강이 남에서 북으로 흐르고 있다. 나일강의 동쪽은 해가 뜨는 곳이라는 희망적인 의미로 마을이 형성되어 있다. 반면, 서쪽은 해가 지기 때문에 부정적인 의미를 가지고 있다. 그래서 대부분의 피라미드는 나일강의 서쪽에 밀집되어 있다. 신기한 점이 하나 있다면 모든 피라미드가 나일강에 직각으로 배치되어 있다는 점이다.

당시 이집트인들은 모든 피라미드가 나일강의 서쪽에 있다는 것을 알았다. 사막에서 길을 잃고 헤매더라도 피라미드를 발견하면 그 동쪽에 나일강이 있고 이를 향하면 마을이 나온다는 것을 알 수 있었다. 사막에서 이정표와 같은 역할을 한 것이다. 사람이 사막에서 발견한 물을 가리켜 오아시스라 부른다. 바꿔 말하면, 사막에서 피라미드는 오아시스 같은 역할을 한다는 것이다. 이러한 원리를 이해한다면 루브르 박물관에 있는 페이의 유리 피라미드를 이해하기 쉽다.

페이는 이정표이자 영광의 상징인 피라미드를 루브르 박물관에 배치함으로써 프랑스에 '잃어버린 영광'을 되찾아 주는 심벌로 작용하기를 바랐으며, 사막의 피라미드가 오아시스와 이정표로서 역할을 했듯이 이 피라미드가 메마른 현대 사회에서도 오아시스와 이정표로 기능하기를 바라는 마음으로 만든 것이다. 또한 투명한 유리로 하여금 내부와 외부를 통하게 만들어 과거와 현재를 연결하는 의미를 가지도록 기획했다. 이러한 기획이 미테랑 대통령의 의도와 통한 것이다. 루브르 박물관을 찾는 일반인들은 이 유리 피라미드를 단지 입구로서 통과하지만, 그들의 코드는 유리 피라미드 안에 고스란히 남아 있다.

루브르 박물관이 우리에게는 단순히 모나리자 그림과 비너스 상이 전시된 미술관이지만, 프랑스의 역사에서 루브르는 궁전으로 시작하여 많은 보물을 소유하고 있는 중요한 장소이다. 그리고 이 보물은 곧 프랑스의 옛 영광을 의미한다. 그래서 영화 속에서 영광스러운 장면을 요구할 때는 언제나 루브르의 유리 피라미드가 등장한다. '다빈치의 코드'라는 소재를 사용한 이 영화에서, 감독은 이집트 피라미드가 있음에도 불구하고 이 유명한 건축가가 프랑스에 유리 피라미드를 만든 이유를 간파하고 영화에 또 하나의 숨겨진 코드를 내용에 담은 것이다.

1984(Nineteen Eighty-Four)

개봉일 1984
장르 드라마, SF, 스릴러, 멜로
감독 마이클 래드포드

시계태엽 오렌지(A Clockwork Orange)

개봉일 1971
장르 범죄, 드라마, SF
감독 스탠리 큐브릭

영국 브루탈리즘 건축
1984 & 시계태엽 오렌지

조지 오웰의 『1984』는 설명이 필요 없을 만큼 유명한 소설이다. 집단주의와 디스토피아(Dystopia)를 대표하는 이 작품은 1948년에 쓰여지고 1984년에 영화화됐다. 1971년에 개봉한 〈시계태엽 오렌지〉 또한 디스토피아를 배경으로 한 영화로, 감상한 다음 많은 생각을 하게 했다. 이런 음울한 성격을 가진 영화의 배경으로 감독은 어떤 건물을 선택했을지 궁금하지 않을 수 없다. 집단주의 또는 디스토피아라는 단어는 부정적인 의미를 내포한 단어이다. 건축물이 부정적인 이미지를 갖는다는 것은 무엇일까?

인류 역사 초기에는 공간 개념이 없었다. 공간이 만들어지면서 공간은 곧 권력의 상징이 되었으며 권력과 부가 하나가 되는 도구로 쓰이게 된다. 과거의 권력자들은 제한된 공간이 인간의 사고 능력을 제한되게 만들 수 있다는 것을 깨닫곤 이를 의도적으로 사용하려 했다. 그것이 바로 브루탈리즘(Brutalism)이다. 브루탈리즘 건축물은 사실 모던 건축이 만들어 낸 콘크리트 덩어리 작품이다.

장식 기능이 극단적으로 제한된 브루탈리즘 양식

모던은 과거를 탈피하려는 움직임에서 시작되었다. 그렇다면 과거를 상징하는 것은 무엇일까? 바로 장식이다. 구조가 장식을 이기는 형태의 시작에 브루탈리즘이 있다. 브루탈리즘은 1950~1970년대에 지속된 건축 양식으로 단순한 블록 형태의 거대한 콘크리트 구조물이 특징이다. 영국에서 시작된 브루탈리즘은 얼마 지나지 않아 전 세계로 퍼져 패션, 음악 및 예술에서도 등장하지만 건축 분야에서 그 특징을 가장 잘 느낄 수 있다.

브루탈리즘 건축은 철근 콘크리트와 강철, 모듈식 요소를 사용하고 실용적인 느낌을 주기 때문에 주로 기관 건물에 사용되었다. 지역적으로는 영국과 미국 외에도 대부분의 동유럽 국가(구 소련 구역), 프랑스, 이탈리아, 독일, 일본, 중국, 인도 등지에서 찾아볼 수 있다. 건축물의 목적으로는 의회 및 도시 건물, 공공 주택 프로젝트, 박물관, 교회, 학교 등 주로 기관 건물에 사용되었는데 특히 대학 캠퍼스에서 자주 찾아볼 수 있다.

브루탈리즘은 종종 사회주의 이상을 지향하는 20세기 도시 이론과 얽힌다. 제2차 세계대전 이후 파괴된 도시를 재건하는 데 있어 장식을

브루탈리즘은 1950~1970년대에 성행한 건축 양식으로
단순한 블록 형태의 거대한 콘크리트 구조물이 특징이다.

배제한 브루탈리즘 양식은 전 세계적으로 수용되며 자리를 잡았다. 합리적인 디자인이 최고의 건축을 생산할 수 있다는 모더니스트의 아이디어에서 영향을 받았으며, 특히 영국과 동유럽 공산주의 국가에서는 때때로 새로운 국가 사회주의 건축을 만드는 데 사용되었다.

그런데 왜 이러한 건축 양식을 브루탈리즘이라고 부르는 걸까? 브루탈리즘이라는 단어는 거친 미학에서 오는 것이 아니라 그것이 만들어지는 재료에서 유래했다. 베톤 브루트(Béton brut)는 문자 그대로 '원시 콘크리트'로 번역되는 프랑스 용어이며, 상징적인 미학을 설명하는 데에도 사용된다.

영국에서 시작된 양식인 만큼 런던은 세계 브루탈리즘의 수도로 간주된다. 50개 이상의 브루탈리즘 건축물을 자랑하는데, 이러한 건축물들의 형태는 기하학적 선, 견고한 콘크리트 뼈대, 과장된 슬래브(Slab, 철근 콘크리트 구조의 바닥), 두 배 높이의 천장, 거대한 벽, 노출 콘크리트 및 단색 색조를 가진다. 시각적으로 육중한 느낌을 주며 형태보다 기능을 우선시해 억제된 미니멀리즘을 특징으로 한다. 콘크리트 형태에 무엇인가 추가되는 것을 거부하여 노출 콘크리트로 보이는 경우가 많다. 여기에는 장식적인 요소를 피하려는 의도가 담겨 있다. 그래서 전체적인 형태가 거의 단일체에 가까운데, 20세기 초 현대 디자인의 흐름이 절충적이고 쾌락주의적인 경향으로 흐르는 것에 대한 거부를 나타낸 것이다.

특히 영국과 동유럽 국가(러시아, 불가리아, 유고슬라비아, 체코슬로바키아 등)에서 각광받았는데, 2차 세계대전이 끝난 후 재건 시기에 실용적이고 검소하며 장식이 없어도 비용이 저렴한 건물을 지을 방안이 필요했다. 콘크리트는 이 목적에 맞게 저렴할 뿐만 아니라 빠른 시공이 가능했다.

그래서 철근 콘크리트 건축물이 브루탈리즘 건축으로 급부상하고 사회주의 건축의 새로운 시대가 열리게 된 것이다.

브루탈리즘의 시조는 건축가 르 코르뷔지에(Le Corbusier)이다. 전쟁이 끝난 후 르 코르뷔지에는 프랑스 마르세유에서 노동계급을 위한 사회 주택 프로젝트를 설계하라는 의뢰를 받는다. 1952년에 337개의 아파트에 최대 1600명을 수용하기 위해 지어진 유니테 다비타시옹(Unité d'Habitation)은 브루탈리즘의 시작을 나타낸다. 거대한 철근 콘크리트 뼈대를 가진, 장식 기능이 부재한 완전히 새로운 건축 양식을 선보인 것이다. 이 양식은 거의 30년 동안 높은 인기를 누렸으며 이 건물은 2016년 유네스코 세계문화유산으로 지정되었다.

르 코르뷔지에의 유니테 다비타시옹(Unité d'Habitation)

오렌지 카운티 컨벤션 센터(Orange County Convention Center)

루이스 칸의 소크 연구소

그러나 빠르게 확산됐던 브루탈리즘 양식은 서서히 인기를 잃기 시작한다. 건물 유지 비용이 많이 들고 파괴하기 어렵기 때문이었다. 세월이 흐른 뒤에도 초기 형태가 그대로 유지된다는 것은 분명 장점이었지만, 동시에 리모델링이나 변형을 하는 데 어려움이 있다는 건 단점으로 돌아왔다. 이렇게 도시에 문제가 생기게 되자 이러한 건축물은 범죄와 쓰레기, 낙서가 가득한 건물의 대명사가 되고 위협이 도사리는 환경과 동의어가 되었다. 특히 1970년대 미국은 브루탈리즘이 절정에 달했는데, 이후 10년의 전환기에 대중 건축에서 자리를 잃기 시작했다. 몰락의 원인은 기능적 결함, 값비싼 유지 비용 및 불가능한 리모델링 문제에 대한 것도 있었지만 본질적으로는 이 건축 양식이 등장한 배경 때문이었다. 도시의 쇠퇴, 전체주의의 상징, 사회주의 건축이라는 인식으로 인해 브루탈리즘 양식은 민주주의를 표방하는 미국에서 인정받기 어려웠다. 원시 콘크리트의 웅장함은 곧 거리 풍경에 영향을 미치는 추악한 괴물로 변모했다.

'잔인한' 건물은 대중적인 매력을 잃었고, 나쁜 취향의 예라고 조롱받기 시작했다. 대표적인 건축물이 바로 뉴욕에 있는 오렌지 카운티 컨벤션 센터(Orange County Convention Center)이다. 이 건물은 지어진 후 말도 많고 탈도 많아 수없이 많은 논의를 거친 후 2015년부터 철거에 착수했다. 그러나 아예 사라진 것은 아니다. 현대에 브루탈리즘 건축운동이 미국에서 다시 유행하기 시작했는데, 그 중심에는 루이스 칸(Louis Kahn)이라는 건축가가 있었다. 그의 건축물은 이러한 브루탈리즘적인 건축 형태를 잘 나타내고 있으면서도 과거보다 좀 더 미적이고 환경에 적응하는 디자인으로 다시 다가오고 있다.

브루탈리즘 양식을 채택한 디스토피아 영화

〈1984〉, 〈시계태엽 오렌지〉 이 두 영화를 이해하는 데 필요한 것은 스토리뿐만이 아니다. 스크린에 등장하는 배경까지 이해해야 한다. 아이러니한 사실이지만 두 영화는 모두 영국에서 만들어졌다. 〈1984〉에서 주인공이 치료를 받기 위하여 감옥 옆의 건물로 이동하는 장면이 있는데, 이때 브루탈리즘 건축물을 배경으로 두고 있다. 감독은 왜 주인공 뒤에 이런 건축물을 보여주었는지 생각해 보아야 한다.

이 영화는 기성세대의 눈으로 2차 세계대전이 끝나고 태어난 '베이비부머' 세대의 모습을 바라보고 있다. 전체주의, 집단주의를 비웃는 영화인 한편, 전체문화와 주류문화 사이의 하위문화라는 대중의 흐름과 이를 시대가 이해하지 못하는 부조화의 상황을 보여주는 영화이기도 하다.

이 영화의 놀라운 점 중 하나는 바로 1948년에 쓴 소설임에도 불구하고 미래의 집단주의를 너무도 잘 표현했다는 것이다. 현대 사회는 풍부한 정보를 습득할 수 있는 기회를 주는 시대기도 하지만, 반대로 자신에 대한 정보를 본인도 모르게 흘릴 수 있는 시대이기도 하다. 특히 요소 곳곳에 설치된 카메라는 현대 사회 CCTV의 범람과도 일치한다. 조지 오웰은 다양한 경험을 통해 얻은 인간의 무한한 감수성에 대한 자유를 『1984』라는 책을 통하여 뒤돌아보게 하는 듯하다. 그가 미래를 왜 더 나은 삶이 아니고 이렇게 모든 것이 통제되는 삶을 상상하게 됐는가를 브루탈리즘 공간을 통하여 생각해 본다.

영화 〈시계태엽 오렌지〉는 집단주의가 특히 잘 드러나는 영화로 지금은 존재하지 않는 템스강 근교의 공장에서 촬영했다. 브루탈리즘 건축물이 가장 많은 영국에서도 굳이 이 장소를 택한 이유는 프롤레타리아의 삶을 자세하게 보여주기 위함일 것이다. 주인공은 카메라 위치에서 벗어난 영역에서 몰래 일기를 쓰는데, 그 모습은 너무도 황량하다. 이 장면은 우리가 살아가면서 우리의 공간에 필요한 것이 무엇이 있는가 생각해 보게 한다.

사람은 환경의 영향을 받는다. 다양한 환경에서는 다양한 삶이 일어나고, 단순한 공간에서는 단순한 행위만 할 수 있다. 주인공의 삶은 마치 쳇바퀴와도 같으며 삶에 다양함이란 없다. 우리가 공간에 그림 액자를 거는 이유는 무엇인가? 예쁜 액세서리를 진열하는 이유는 무엇인가? 사생활은 왜 필요한가? 다양한 컬러가 우리에게 전달하는 의미는 무엇인가? 영화 속 공간을 보면 브루탈리즘 건축에 맞게 아무것도 없는 콘크리트 벽으로 공간이 둘러쳐 있고 꼭 필요한 것들만 공간에 존재한다.

계속해서 흘러나오는 뉴스는 다양한 사고를 용납하지 않는 환경 속에서 살아야 하는 모습을 보여주는데, 오늘날의 우리도 인터넷을 통해 얻는 정보들이 어떠한 여과 장치 없이 우리의 사고에 중요한 기반으로 작용하고 있다. 단순한 컬러, 단순한 삶의 형태 그리고 단순한 업무는 우리가 단순하지 않은 삶을 살아가는 데 아무런 도움도 되지 않는다.

사람은 어느 공간에 들어서냐에 따라 긴장을 하거나 즐거워하는 등 다양한 반응을 보인다. 공간에 따라 우리의 반응이 다르다는 이야기다. 브루탈리즘처럼 획일적인 건축물의 형태는 획일적인 환경을 만든다. 건축 공간은 다양한 사람의 심리가 활동할 수 있게 존재해야 하며, 건축은 모든 사람의 의도가 자유롭게 개진될 수 있도록 계획되어야 한다. 두 영화가 끝날 때 멍한 기분이 드는 것은 스토리의 전개나 분위기가 주는 영향도 있겠지만, 화면에 등장하는 획일적인 건축물이 주는 충격이 크기 때문이다.

우리 집에 유령이 산다(We Have a Ghost)

개봉일 2023.02.24.
장르 코미디
감독 크리스토퍼 랜던

그리스 부흥 양식 주택

우리 집에 유령이 산다

유령이 나오는 영화는 대부분 공포스러운 분위기를 풍긴다. 하지만 〈우리 집에 유령이 산다〉는 유령과 집주인의 만남이 이뤄진 첫 순간부터 유령에 대한 친근함이 물씬 느껴진다. 이 영화의 주 배경은 한 가정의 집 안이다. 외부에서 보았을 때 다락방이 있는 미국의 흔한 가옥이지만 내부 디자인은 유령에게 맞춘 듯 시대적인 분위기를 풍긴다.

영상은 먼저 이 집의 모습을 비춘다. 규모는 다락방을 포함한 3층 규모로 실질적인 주거 공간은 2층까지다. 미국식 가옥이라 벽장이 눈에 띄는데, 유럽의 창고 문화에 비하여 미국은 공간마다 벽장이 포함된 공간구조로 되어 있다. 이 벽장은 다용도 공간으로 사용되어 공간의 부수적인 물건들을 보관할 수 있어 좋다. 박공지붕 부분에는 대체적으로 다락방이 있어 창고와 같이 사용한다. 또한 미국의 개인 주택은 지하실이 있어 대부분의 주택이 지면보다 높다. 이로 인해 현관까지 이르는 서너 칸의 계단을 설치한 것이다.

미국 주택의 형태는 정말 다양하다. 이는 다른 나라에는 드문 경우로 다양한 민족이 있으며 다양한 시기에 이주해 왔음을 보여주는 현상이다. 이들의 이주는 본격적으로 빅토리아 시대로 볼 수 있다. 그래서 주택 형태의 시작은 영국에서 기원한 빅토리아 양식에서 시작한다. 반면 대부분의 주택이 갖고 있는 형태 요소를 살펴보면 그리스 양식의 기본 요소인 삼각 지붕과 기둥 그리고 계단과 같은 단의 형태를 찾을 수 있다.

그리스 부흥 양식이 미국의 주류가 되다

19세기 중반에 지속적인 번영을 경험하고 있던 미국인들은 고대 그리스가 민주주의 정신을 대표한다고 믿었다. 이전에 있었던 영국 스타일에 대한 관심은 1812년의 격렬한 전쟁(미국과 영국, 그리고 양국의 동맹국 사이에서 벌어진 전쟁)을 기점으로 시들해졌다. 또한 많은 미국인들은 1820년대 그리스의 독립 투쟁에 공감했다.

이런 사회적 분위기와 함께 그리스 부흥 양식이 필라델피아의 한 공공 건물에 적용되면서 점차 유행하기 시작했다. 유럽에서 훈련 받은 많은 건축가들은 인기 있는 그리스 양식을 설계했으며 목수의 안내서와 패턴 책을 통해 더욱 널리 유행함으로써 그리스식 건물들이 미국 남부 전역에 생겨났다. 이렇게 고전적인 외관과 대담하고 단순한 선으로 그리스 부흥 건축은 미국에서 가장 보편적인 주택 양식이 되었다.

19세기 후반에 고딕 부흥 양식과 이탈리아 양식이 미국인의 상상력을 사로잡기도 하고, 과거에 비하여 그리스 양식의 인기가 줄어들기도 했지만 그리스 부흥 양식의 트레이드 마크인 전면 박공지붕 디자인은 20세기까지 계속해서 미국 주택의 형태에 영향을 미치고 있다. 이 영화에 등장하는 주택도 이러한 형태를 갖고 있다. 주택의 주 이미지가 그리스 양식이며 입구에 기둥을 갖고 있는 포치(Porch, 건물의 현관 또는 출입구의 바깥쪽에 튀어나와 지붕으로 덮인 부분)가 있으며 지하 구조로 인해 계단을 통하여 집 안으로 들어가는 방식이다. 목조주택은 시공비가 저렴해 가격면에서도 이점이 있었다.

격자 유리창이 한국에는 없고, 미국에는 있는 이유

영화 속 주택에서 미국 주택의 특징인 격자 형태의 유리창을 찾아볼 수 있다. 우리나라는 대체적으로 격자가 없지만 미국 주택의 대다수는 창문 유리에 격자 형태를 적용하고 있다. 지금의 격자는 대부분 미적인 이유로 채택되지만 과거에는 경제적인 이유 때문에 격자 유리창을 사용했다. 1600년대 초 런던은 유리가 부족했다. 당시 유리 생산에 좋은 모래를 얻기 위해 초기 정착민 중 일부를 해변이 있는 제임스 타운에 보내 유리 공장을 만들도록 하였다. 하지만 생산된 유리를 각 건설현장으로 파손 없이 전하는 것이 쉽지 않았던 탓에 유리를 작은 창으로 만들어 배송했고, 건축 현장에서는 배달된 작은 창을 격자로 연결했다. 이렇게 격자가 만들어지게 된 것이다. 격자의 여부를 결정하는 가장 큰 기준은 지으려는 주택의 디자인 방향성을 생각해 보면 된다. 현대적으로 보이고 싶은 주택에는 일반적으로 격자가 없다.

격자 유리창과 박공지붕은 19세기 미국 주택의 상징이다.

숨길 게 많은 유령 영화에는 맥시멀리즘 벽지

세트장의 인테리어에서 가장 강렬한 인상을 주는 것은 내부의 벽지이다. 이 영화는 의도적으로 맥시멀리즘을 표현하려 했다. 그 맥시멀리즘의 포인트로 등장시킨 것이 벽지 문양이다. 영화에서는 이사를 오고 또 이사를 가는 장면이 등장한다. 이때 집 안은 가구가 전혀 없어 벽지의 문양만이 선명하게 눈에 들어온다. 유령이 출연할 것 같은 분위기를 위해서는 문양으로 가득한 벽지가 등장하는 것이 옳다. 그래야 벽지 문양을 통하여 많은 것들이 숨겨질 수 있기 때문이다.

벽지의 문양은 영화 속에서 매우 큰 역할을 담당한다. 공간의 특성이나 등장인물의 성격을 파악할 수 있는 주요 수단이 되기 때문이다. 화려한 컬러, 과감한 패턴, 풍성한 부피감의 맥시멀리즘 벽지가 눈에 띈다면 영화 정보를 확인하지 않더라도 영화의 장르를 누구나 짐작할 수 있을 것이다. 어수선하며 기이한 분위기를 연출해야 하는 유령 영화라면 감독의 입장에서 맥시멀리즘 벽지는 당연한 선택일 수밖에 없을 것이다.

화이트 톤으로 마감된 미니멀리즘 벽과 과감한 패턴의 맥시멀리즘 벽지

마당이 있는 집(Lies Hidden in My Garden)

방영일 2023.06.19.
장르 웹 드라마, 스릴러
연출 정지현

간단명료의 끝, 미니멀리즘 건축

마당이 있는 집

드라마 〈마당이 있는 집〉 첫 화면에 등장하는 건 집이다. 균일하게 정리된 잔디 마당이 먼저 보이고, 그 뒤에 2층 규모의 미니멀한 집이 보인다. 잔디 마당과 집을 제외하면 어떤 장식품이나 물건들도 보이지 않는다.

미니멀리즘은 1960년대 초 뉴욕에서 시작하여 세계적으로 퍼진 예술 흐름이다. 유럽에서는 바우하우스(조형 학교)의 화가들이 이를 시작하였다. 미니멀 아트는 최소한의 것으로 최대한의 효과를 보는 것에 초점을 맞추었다. 'Less is More!' 이것이 이들의 모토이다.

바르셀로나 파빌리온(Barcelona Pavilion)

건축에서는 독일의 근대 건축가 루드비히 미스 반 데어 로에(Ludwig Mies Van der Rohe)가 바르셀로나 파빌리온으로 선보인 바 있다. 본디 형태를 이루는 데 필요한 요소는 선(1차원), 면(2차원) 그리고 입체(3차원)이다. 그러나 미니멀 아트는 형태를 이루는 데 필요한 요소를 가장 일차원적인 선으로 표현하려고 노력하였다. 〈마당이 있는 집〉에 등장한 건물처럼 형태가 선으로 이뤄진 것이 미니멀 건축이다.

이는 아직 한국에는 다양하게 등장하고 있지 않지만 이미 서양에서는 건축물 형태의 새로운 유행으로 자리를 잡고 있다. 미술에서는 1960년대 등장하였지만 건축에서는 안락한 공간을 유지하는 데 미니멀 건축이 합당하지 않아 자리잡기 어려웠다. 그러나 설비가 발달하면서 공간의 조건을 충족시켜줄 수 있어 지금은 이러한 형태를 선호하는 계층이 점점 늘어나고 있다. 최소한으로 최대한의 효과를 본다는 의미는 적게 보여주면 더 많은 교감을 이룰 수도 있다는 내용과 상통한다.

그랑드 아르슈(Grande Arche)
프랑스 혁명 200주년을 기념하여 라데팡스 지역에 건설된 개선문으로
미니멀리즘 양식을 반영한 건축물로 언급된다.

건축에서 형태는 기본적으로 3가지로 구분한다. 평면적 형태, 골격적 형태 그리고 조소적 형태이다. 평면적 형태는 평면이 강조된 형태이고, 골격적 형태는 파리의 퐁피드 센터처럼 골격이 다 드러난 형태이며, 조소적 형태는 건축물이 조형물의 이미지를 띠는 것이다. 건축물 모두가 이렇게 3가지로 명확하게 구분되는 것은 아니다. 일반적으로 60% 이상이 3가지 형태 중 하나에 부합하면 그 형태로 인정한다. 그런데 미니멀리즘적인 형태는 선으로 이뤄진 것으로 이와는 별개로 생각한다. 색도 다양하게 만들 수 있지만 미니멀리즘의 의미를 생각한다면 무채색이 가깝고 그중 백색이 가장 많이 쓰인다.

조금 말하고 많이 생각하다

미니멀 아트에는 결론이 없다. 결론은 관찰자의 몫으로 남겨 놓은 것이다. 이는 미니멀리즘 시를 보면 잘 나타나 있다.

거미줄(백주희)

지붕 밑에 거미줄이

쳐졌다, 싸리비로 털었다

다음 날 다시 쳐진 거미줄

강의실(김소진)

수업이 끝나고

비어있는 강의실에는

종이컵만 나뒹군다

시를 살펴봐도 결론을 찾을 수 없다. 이는 독자에게 남겨준 것으로 'Less is More!'에서 'More'는 보는 사람의 몫이다.

이 드라마 첫 화면에 등장하는 건물을 보면 이것이 미니멀 건축물임을 한눈에 알 수 있으나 미니멀리즘적 건축물에서 벽은 유리로 하는 것이 맞다. 그러나 이 건물은 벽면이 나무로 되어 있어 많이 아쉽다.

왜 드라마의 제목을 〈마당이 있는 집〉이라고 지었을까?

마당은 우리에게 많은 것을 생각하게 해 주는 장소이며 중간 영역이다. 내부도 아니고 외부도 아니다. 마당은 마치 처마 밑과 같은 의미이다. 마당은 상반됨이 공존하는 영역으로 도시의 광장처럼 모든 것이 가능한 여유의 공간이다. 어느 순간부터 마당을 두르고 있는 담장의 높이가 눈보다 높아졌지만 과거에는 담장의 높이가 눈높이와 비슷했다. 눈높이는 곧 개방과 폐쇄의 경계선이다. 일반적으로 눈높이보다 낮으면 간이 벽으로 인식되어 공감대의 영역으로 쓰였다. 이 드라마에 등장하는 두 여인의 입장이 눈높이 담장처럼 폐쇄와 개방의 관계를 넘나드는 것이 아닌가 한다. 원작 김진영의 장편소설에선 담장을 상상했는데 드라마로 보니 또 다른 느낌이다.

6 언더그라운드(6 Underground)

개봉일 2019.12.13.
장르 코미디
감독 마이클 베이

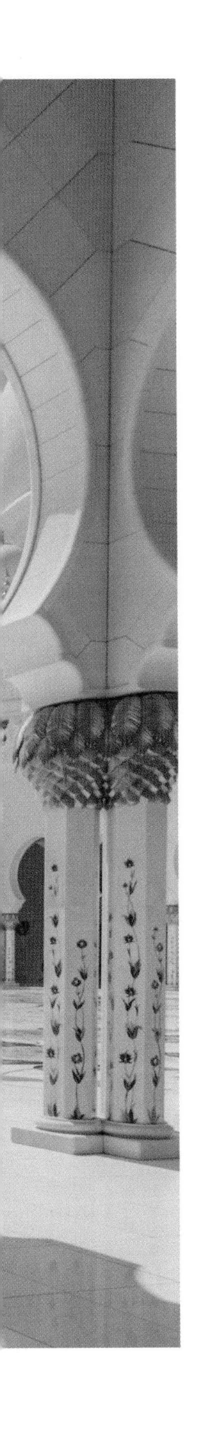

국가를 대표하는 건축물

6 언더그라운드

액션 영화를 좋아하는 마니아들은 대부분 이 영화를 보았을 것이다. 〈6 언더그라운드〉는 2019년 미국 액션, 스릴러 영화 〈트랜스포머〉 시리즈로 유명한 마이클 베이가 감독하고 넷플릭스에서 배급했다. 영화는 미국(로스앤젤레스), 헝가리(부다페스트), 아랍에미리트(알 아인, 아부다비, 라스 알 카이마, 리와 오아시스, 샤르자), 이탈리아(피렌체, 로마, 시에나, 타란토, 프라스카티)에서 촬영되었다. 보통 이렇게 다양한 내용을 보여주는 영화들은 다양한 국가를 배경으로 삼고 그 국가의 대표적인 건축물을 비추어 어느 국가인지 암시한다. 이 영화 역시 다양한 건축물을 스크린에 보여주면서 화면의 배경을 풍부하게 이끌어 간다.

영화는 보편적인 권선징악의 내용을 다루는데, 정의를 좇는 주인공들을 통해 한 국가의 독재 행위가 고발되는 형식으로 전개된다. 특히 부유한 주인공이 악의 퇴치를 위해 본인의 재물을 사용하는 전개는 현대적인 노블레스 오블리주를 보여준다. 영화의 첫 시작점에서 이미 이를 암시하고 있는데, 시작의 장소인 이탈리아 피렌체는 노블레스 오블리주의 기원이라 할 수 있는 메디치 가문이 시작된 도시이다. 메디치 가문은 이탈리아 명문 집안으로 이탈리아의 르네상스를 이끌어 냈고 우리가 알고 있는 유명 예술가의 탄생에 지대한 영향을 줬다.

노블레스 오블리주와 도시 '피렌체'

피렌체는 1450년부터 1527년까지 번영한 르네상스 미술의 발상지였다. 중세 미술이 성경의 기본적인 이야기에 중점을 둔 반면, 르네상스 미술은 자연주의와 인간의 감정에 중점을 두었다. 중세 예술은 추상적이고 형식적이며 주로 신부에 의해 제작되었지만 르네상스 예술은 합리적이고 수학적이며 전문가(레오나르도 다빈치, 도나텔로, 미켈란젤로, 라파엘)에 의해 구성되고 표현되었다. 예술가들은 종교적 인물, 성경적 인물을 인간적으로 이해하기 시작했으며 중세와는 다르게 이를 예술에 반영하여 표현하기 시작했다. 또한 고대 그리스부터 로마에 등장했던 고대 거장들을 연구함에 따라 현실주의에 초점을 맞추고 예술과 사회에서 고전적 가치의 재탄생을 표현해 냈다.

영화가 진행되면서 첫 번째 배경으로 피렌체 대성당이 있는 도시 풍경이 등장한다. 건축 당시 피렌체에서 가장 높은 건축물이었는데, 도시 계획 단계부터 종교적 위상을 위해 일반적인 건물의 높이를 의도적으로

피렌체 대성당(Santa Maria del Fiore)

밀라노 대성당(Duomo di Milano)

제한시켰기 때문에 가능한 일이었다.

이 성당은 1296년에 짓기 시작하여 1436년에 완성되었다. 즉 고딕 시기에 시작하여 초기 르네상스에 완성된 것이다. 그래서 피렌체 대성당의 양식을 보면 고딕 건축이라고 부르기는 하지만 다른 지역의 고딕과는 많은 차이가 있다. 피렌체 대성당을 밀라노 대성당과 비교해 보면 피렌체 대성당에서만 돔을 확인할 수 있다. 돔이라는 단어의 어원은 '집'이라는 뜻의 라틴어 도무스에서 유래했고, 그 형태는 발다킨이라 불리는 명예의 천에서 유래했다.

발다킨은 돔의 이전 형태로서 천으로 되어 있어 존귀한 존재의 영역을 성스럽게 꾸미기 위해 처음 고안되었다. 왕이나 종교 지도자들이 행차할 때 의자 위에 마치 지붕을 얹어 놓은 모양들을 확인할 수 있다. 발다킨 또는 사보리움이라 부르는데 구분하기는 어렵지만 발다킨은 대부분 천으로 만들었고 사보리움은 천보다는 좀 더 건축물에 가까운 형태를 가지고 있다. 권위의 상징으로 발달한 발다킨이 건축물에 적용되어 돔으로 얹혀진 것이다.

도시 개발, 건축의 메카로 새롭게 떠오른 중동

피렌체를 떠나 등장하는 다음 장소는 바로 아랍에미리트의 수도 아부다비다. 영화에서는 아부다비 루브르 박물관의 둥그런 지붕과 함께 페르시아만을 보여준다. 과거에 중동을 방문하면 사막 외에는 크게 관심을 끄는 부분이 없었는데 지금은 유럽이나 미국에 못지 않은 건물들의 화려함이 도시에 가득하다. 과거에는 공업 및 기반 시설에 투자하였다면 이제는 디자인에 대한 투자를 많이 하는 것을 볼 수 있다. 중동은 이러한 차별화된 도시 건설로 세계 건설 시장을 주도하는 중이다.

그 사례로 사우디아라비아가 추진하고자 하는 대형 도시 계획을 들 수 있다. 네옴(NEOM)이라는 이름을 가진 이 도시는 사우디아라비아 북서부의 타북 지방에 건설 중이며, 네옴이라는 이름은 '새로운'을 의미하는 고대 그리스어 접두사 Neo와 '미래'를 의미하는 아랍어 옴을 합쳐서 만들어졌다. 계획 중에는 양면이 유리로 되어 있고 길이가 170km에 높이는 500m인 서울의 55배나 되는 거대 도시 라인(LINE)이 포함되어 있다.

라인은 세계 어느 곳도 시도하지 못한 거대 프로젝트로 스마트 시티 기술을 접목해 로봇이 보안, 물류, 택배, 간병과 같은 기능을 수행하고 풍력과 태양광만으로 도시에 전력을 공급할 계획이다. 계획 및 건설에 사우디아라비아 공공투자기금과 국제 투자자로부터 확보한 5,000억 달러가 투입되었다. 프로젝트의 1단계는 2025년까지 완료될 예정이다.

길이가 170km에 높이는 500m인 서울의 55배나 되는 거대 도시 라인(LINE)

다시 아랍에미리트의 사례로 돌아와서, 초창기 두바이가 중동의 중요 관심사로 장기간 거론되었다면 이제 두바이뿐 아니라 중동의 여러 지역이 뉴스에 등장하고 있고 특히 아부다비는 도시 개발 투자에 맞게 영화뿐 아니라 세계인의 방문지로 더욱 각광을 받고 있다. 특히 아부다비 문화지구는 수많은 독특한 건물들이 완공되었거나 준비 중인데, 어떤 건축물들이 사람들을 매혹시키고 있는지 대표적 건축물을 짚어본다.

특색 있는 건축물이 가득한 아부다비 문화지구

2021년 아부다비에서 진행된 프로젝트의 이름은 알 카나(Al Qana)로, 호화로운 정박지와 바다의 풍경, 피트니스 시설부터 게임 건물 및 영화관, 수족관에 이르기까지 모든 시설을 갖춘 관광 명소를 계획했다. '힐튼 야스 베이'를 포함한 2개의 호텔과 120억 달러 규모의 주거 공간 '야스 베이(Yas Bay)'가 거의 완성 단계에 있다. 또한 미키마우스에서 벅스 바니에 이르기까지 다양한 캐릭터를 본뜬 객실을 갖춘 워너 브라더스 호텔과 림몰(Reem Mall) 쇼핑몰이 개장한다.

림몰 내부에는 세계에서 가장 큰 실내 스노 파크인 '스노 아부다비(Snow Abu Dhabi)'가 들어선다. 영하 2°C의 온도와 500mm 두께의 눈을 유지해야 하기 때문에 입구에 들어선 순간부터 안팎의 차이를 피부로 느낄 수 있다. 내부에는 매직 카펫, 극지 급행 열차, 수정 회전 목마, 마법 나무 등 12개의 다양한 놀이기구들이 방문자들을 반긴다.

쇼핑몰 '림몰(Reem Mall)'

스노 아부다비(Snow Abu Dhabi)
림몰 내부에 있는 세계에서 가장 큰 실내 스노 파크

아부다비에 건축 중인 자이드 국립 박물관

자하 하디드의 아부다비 공연 예술 센터 조감도

문화지구 내 건축 중인 자이드 국립 박물관(Zayed National Museum)은 2025년 개관 예정이다. 이 건물은 아랍에미리트 건국의 아버지이자 초대 대통령인 고(故) 셰이크 자이드 빈 술탄 알 나흐얀(Sheikh Zayed bin Sultan Al Nahyan)을 기리기 위해 그의 이름을 사용했다. 자이드 국립 박물관에는 시원한 공기를 끌어들일 5개의 태양열 타워가 있으며 매사냥을 좋아했던 자이드를 기념하기 위해 매의 날개 모양을 본떠 외관을 만들었다.

이 외에 구겐하임 아부다비(Guggenheim Abu Dhabi)도 건립이 예정되었으며, 완공되면 세계에 흩어져 있는 구겐하임 미술관 중 최대 규모가 된다. 구겐하임 아부다비는 스페인 빌바오에 있는 구겐하임 미술관과 마찬가지로 캐나다 출생 미국 건축가 프랭크 게리(Frank Gehry)가 건물을 설계했다. 2006년 박물관 프로젝트를 발표했고 2025년에 완공된다.

아부다비에 들어설 또 하나의 획기적인 건축물이 바로 자하 하디드가 설계한 공연 예술 센터다. 아부다비 공연 예술 센터(Abu Dhabi Performing Arts Centre) 계획은 아부다비 연안의 저지대 섬인 사디야트 섬을 개발하기 위한 대규모 건설 프로젝트 중 하나다. 외부 구조는 마치 뱀 한 마리가 땅에서 나와 서쪽 해안가를 향해 미끄러지는 것처럼 보인다. 내부는 각 극장에 정맥처럼 연결되어 꿈틀거리는 생명력을 나타낸다.

이라크계 영국 여성 건축가 자하 하디드(Zaha Hadid)는 현대적인 디자인과 아르누보 그리고 감정을 결합하여 센터를 설계했다. 10층 높이의 건물에 5개의 극장, 음악 홀, 오페라 하우스, 콘서트 홀, 드라마 극장 및 6,300명의 고객을 수용할 수 있는 다용도 극장을 설계했고, 부지 안에 상당한 양의 녹지 공간과 해안 산책로를 포함시켰다. 자하 하디드가 2016년에 사망했기에 이 공연 예술 센터는 사후에 지어질 건축물 중 하나가 된다.

아부다비 문화지구에서 마지막으로 살펴볼 곳이 바로 아부다비 루브르 박물관이다. 2007년에 개관하였으며 파리에 있는 루브르 박물관과 이름이 동일하다. 동일한 이름을 쓰기로 계약한 것은 전시될 작품의 수급에서 일어날 문제를 조금이라도 해결하려는 의도로 보이며, 2037년까지 이름을 사용할 수 있도록 계약한 상태다. 2019년에 200만 명 이상의 방문객이 다녀갔고 아랍 문화권에서 방문자가 제일 많은 박물관이다.

아부다비의 건축물에 대한 열정은 계획하고 있는 건물과 선택한 건축가만 보아도 알 수 있다. 그 중 아부다비 루브르 박물관을 설계한 장 누벨(Jean Nouvel)은 전 세계 곳곳에 랜드마크를 둘 만큼 각광 받는 건축가이다. 2008년 프리츠커상을 수상했으며, 빛을 아주 잘 다루는 것으로 유명하다. 아부다비 루브르 박물관에도 그러한 특성이 잘 드러나 있다.

루브르 박물관의 천장은 불규칙한 빛의 파편이 특히 눈길을 끈다. 장 누벨은 빛이 익숙한 중동인들에게 빛과 함께 생활하는 공간을 제공하고자 했는데 그는 야자수 나무에서 아이디어를 얻었다. 야자수를 밑에서 본 느낌을 이 건축물에 적용한 것이다.

야자수는 전 세계적으로 문화와 종교에서 중요한 상징성을 갖고 있다. 이슬람 문화와 종교에서도 야자수는 휴식과 환대의 매우 중요한 상징이다. 오아시스 주변에 자라고 있는 야자수는 그 물이 알라의 선물임

아부다비 루브르(Louvre Abu Dhabi)

중동의 야자수 나무에서 영감을 받은 아부다비 루브르 박물관 지붕

을 의미하기도 한다. 야자수가 인간에게 주는 선물 또한 풍부하다. 열매는 보관 방법을 달리해 일 년 내내 먹을 수 있으며 꿀과 맥주로도 가공한다. 잎사귀는 수면 매트, 바구니, 빗자루, 쉼터, 심지어 공예품으로 사용하기도 한다.

그런 야자수가 중동 문화에서 신성한 것으로 여겨지는 것은 놀라운 일이 아니다. 일부 사람들은 야자수를 생명의 나무와 동일시하기도 한다. 학명 또한 '불사조'란 의미로 잿더미에서 살아난다는 전설의 새와 관련되어 있다. 야자수는 중동인들에게 떼려야 뗄 수 없는 존재이기에 장 누벨은 아부다비 루브르 박물관을 야자수로 덮은 것이다. 이렇게 건축 디자인을 특정한 지역이나 어떤 형태에서 빌려 오는 경우가 많다.

프랑스와 미국을 보여주기 위해 감독이 선택한 장소는?

영화는 아부다비를 거쳐 파리 개선문을 보여주고 그 다음 거대한 오페라 극장으로 장면이 바뀐다. 그런데 이 극장은 프랑스 파리가 아닌 이탈리아 나폴리에 있는 산 카를로 극장(Teatro di San Carlo)이다. 왜 파리의 개선문을 먼저 보여주고 나서 이탈리아 나폴리에 있는 산 카를로 극장을 보여줬을까? 영화 속의 진짜 배경을 감추고 마치 파리 오페라 하우스에서 촬영한 것처럼 구성한 것이다.

산 카를로 극장은 1737년에 문을 열었다. 1월부터 5월까지는 오페라 공연을, 4월부터 6월 초까지는 발레 공연을 한다. 강당은 말굽 모양으로 되어 있는데 스탠딩 룸을 포함하면 3,000명 이상을 수용할 수 있다. 다만 오페라 공연장으로서는 공간이 너무 커서 성악가의 음역대가 골고루 들리지 않는다고 한다.

산 카를로 극장(Teatro di San Carlo)

파리 오페라 하우스(팔레 가르니에-Palais Garnier)

초기에는 당시 유럽 왕족의 뿌리인 버번가의 파란색과 금색을 메인 컬러로 실내 장식을 꾸미면서 많은 찬사를 받았고 오랜 역사 속에서 다양한 변화를 거친 극장이다. 1816년에는 리허설 중 화재가 발생하여 건물 일부가 손실되었으나 재건 작업을 하였다. 1861년 이탈리아 통일 후 권력과 부가 북쪽으로 이동함에 따라 나폴리는 주요 오페라 하우스의 본거지로서의 지위를 상실하게 된다. 1874년까지 공연 수입이 감소하자 1년 동안 오페라 하우스가 폐쇄되기도 했다. 이후 1943년 2차 세계대전 중 폭격을 맞았고 현대화 작업을 거치면서 2010년에 지금의 모습을 갖추게 되었다.

고층건물이 가득한 홍콩을 담다

영화의 배경은 다시 홍콩으로 옮겨간다. 홍콩은 국제도시로 성장하기 위하여 건축물에도 많은 투자를 했다. 홍콩에는 높이 200m 이상 혹은 50층 이상의 마천루가 75개나 된다. 홍콩을 나타낼 때 대표격으로 비췄던 건축물은 뱅크 오브 차이나 타워(Bank of China Tower)이다. 이 건물은 삼각형으로 유명한 중국계 미국인 건축가 이오 밍 페이가 설계하여 1990년도에 공개한 것이다. 삼각형의 이미지가 건물에 전체적으로 담겨 있으며 이를 통해 힘과 상징의 의미를 담으려 했다.

또한 영화에서 언급한 홍콩 니하이 타워의 모티브는 니나 타워(Nina Tower)로, 80층과 42층 규모의 트윈 타워이다. 본래는 518m 높이의 세계에서 가장 높은 타워로 설계되었으나 고도 제한 때문에 319.8m로 설계가 변경되었다. 스카이 로비는 2개의 타워를 연결하는 41층에 있다. 그런데 영화 속 니하이 타워에는 루프탑 수영장이 나오는데 이 건물에

뱅크 오브 차이나 타워(Bank of China Tower)
건축가 이오 밍 페이는 건물 전체에 나타낸 삼각형의 이미지를 통해
힘과 상징의 의미를 담으려 했다.

호텔 인디고 홍콩 아일랜드(Hotel Indigo Hong Kong Island)
수영장 바닥을 투명한 소재로 시공한 덕분에 지나가는 이도 수영장의 바닥을 볼 수 있다.

는 그러한 수영장이 존재하지 않는다.

홍콩 몇몇 고층빌딩에 루프탑 수영장이 설치되어 있지만, 영화와 유사한 수영장을 갖고 있는 호텔은 호텔 인디고 홍콩 아일랜드(Hotel Indigo Hong Kong Island)뿐이다. 이 인디고 호텔을 밑에서 바라보면 수영장이 건물 외관 밖으로 돌출되어 있다. 수영장 바닥을 통해 지상을 내려다보는 짜릿함과 아찔함을 노린 것이다. 루프탑 수영장에 가해진 충격으로 인해 그 많은 물이 밑으로 쏟아지는 장면은 가관이다. CG일 것이라는 예상을 하면서 보게 되지만 물이 쏟아지는 그 자연스러움은 실로 감탄을 자아내게 한다.

영화는 인디고 호텔을 참고하여 수영장 세트장을 만들어 촬영했다. 영화에서는 크레인을 동원해 가며 마치 높은 건물의 꼭대기에서 아찔한 일이 벌어지는 것처럼 만들었지만 사실은 2층 높이에서 촬영된 것이다. 세트장은 하부와 상층이 동일하게 올라가지 않고 엇혀 있는 듯이 보이는데 아슬아슬한 장면을 연출하기 위해 의도적으로 설계한 것이다. 이러한 형태에서 불안감을 더 갖게 되는 이유는 엇혀 있는 형태를 채택하면 하중의 흐름이 연속돼 보이지 않기 때문이다. 이런 방식은 관객의 불안감을 더 조성하는 데 효과적이다.

투르키스탄을 보여주는 두 개의 건축물

영화는 한바탕 액션을 보여준 후 투르키스탄의 타이루스로 이동한다. 투르키스탄은 몽골, 중국, 카자흐스탄 등의 중앙아시아 지역을 부르던 말로 '튀르크족의 땅'이라는 뜻을 담고 있다. 배경이 된 타이루스의 인구는 약 600만 명으로 아시아에서 가장 인구가 적은 국가 중 하나이다. 이 영화의 최종 목적지가 바로 여기다. 타이루스는 두 형제 중 하나가 정권을 잡고 야만적인 독재가 자행되고 있었고, 기존 정권을 퇴치하기 위하여 이들이 모인 것이다.

이 타이루스를 보여주는 풍경 중 하나가 바로 노을이 지는 아름다운 다리이다. 마치 용이 물위를 힘차게 기어가는 듯한 모습으로 꿈틀대는 힘을 전해주고 있다. 역동성 있는 힘과 불규칙한 반복은 마치 살아있는 생명체를 보는 것과 같다. 이 교량은 건축가 자하 하디드의 작품으로 사실 타이루스에 있는 것이 아니고 아랍에미리트 아부다비에 있는 셰이크 자이드 다리(Sheikh Zayed Bridge)이다.

그리고 석양을 배경으로 아름다운 모스크가 하나 나타나는데, 이 모스크의 이름은 셰이크 자이드 그랜드 모스크(The Sheikh Zayed Grand Mosque)로 이 또한 아랍에미리트의 수도 아부다비에 있으며, 국내 최대의 모스크로서 사람들이 매일 기도하는 핵심 예배 장소이다.

그랜드 모스크는 1994년과 2007년 사이에 건설되었다. 모스크의 축은 사우디아라비아 메카의 카바 방향으로 향하도록 서쪽에서 남쪽으로 약 12°가량 틀어져 있다. 이 프로젝트는 이슬람 문화와 현대적 가치를 통합하기 위해 아랍에미리트 대통령인 고(故) 셰이크 자이드 빈 술탄 알 나흐얀에 의해 시작되었고 그의 이름을 따왔다. 2004년 그가 사망하고 나서 모스크 안뜰에 그의 묘지를 조성했다.

건축가인 유세프 압델키는 1920년대 마리오 로시가 디자인한 알렉산드리아의 모스크에서 영감을 받아 그랜드 모스크를 설계했고, 모스크의 돔 부분은 바드샤히 모스크에서 영감을 받았다. 아치로 이루어진 길은 무어 양식인데, 이는 711년에서 1492년 사이에 북아프리카와 스페인과

셰이크 자이드 다리(Sheikh Zayed Bridge)
길이 842m의 이 다리는 건축가 자하 하디드의 작품으로 2010년 11월에 준공되었다.

셰이크 자이드 그랜드 모스크(The Sheikh Zayed Grand Mosque)
그랜드 모스크는 대리석, 금, 준보석, 크리스털 및 도자기 등
많은 나라에서 수입된 천연 재료들을 사용했다.

포르투갈 지역에서 유행한 이슬람 건축 양식이다. 유명한 건축물로 그라나다의 알함브라 궁전이 있다. 또한 건축의 많은 부분에 천연 재료가 사용됐다. 건물에 사용된 대리석, 금, 준보석, 크리스털 및 도자기를 포함한 재료들은 많은 나라에서 수입된 것이다.

그라나다의 알함브라 궁전(The Alhambra palace)
무어 양식의 대표적인 건축물

권력의 몰락을 보여주는 알다르 본사 건물

이제 이 영화의 결말을 암시하는 장면이 등장한다. 권력의 상징인 4개의 거대한 동상이 메인 건물을 둘러싸고 있다. 이 동상이 파괴되면서 건물에 부딪히는데 이는 권력의 몰락을 의미한다. 여기서 우리는 동상이 부딪히는 건축물의 형태에 강한 인상을 받는다. 단순하고 심플하며 명확한 형태의 건축물이기 때문이다.

감독은 왜 굳이 이 건물을 권력의 상징으로 삼았을까? 이는 언어와도 관계가 있다. 간단 명료하고 단일한 표현을 가진 문장은 본질을 흐리지 않고 의미를 똑바르게 전달한다. 건축물의 형태도 피라미드나 신전과 같이 강력한 정보 전달을 요하는 건축물들은 일반적으로 단순하고 명료한 생김새를 가진다. 그렇기 때문에 이 건물을 권력의 상징으로 등장시킨 것이다.

건물의 이름은 알다르 본사 건물(Aldar Head Quarters Building)로 2010년에 완공되었다. 아랍에미리트 아부다비에 위치하고 있으며, 중동에 등장한 최초의 원형 건축물로 아부다비의 MZ건축사무소에서 설계했다.

원은 화합, 안정, 합리성을 상징한다. 또한 시작도 끝도 없는 완벽함, 궁극의 기하학적 상징인 무한대의 상징이기도 하다. 건축가도 중동에 이러한 의미가 안착되기를 바라는 마음에서 이러한 형태를 빌려 온 것이다. 건물을 보면 2개의 반구형 건물이 좁은 띠 모양의 움푹 들어간 유리창으로 연결되어 있다. 또한 지면에 완전한 원의 형태를 두지 않고 지면 부분을 직선을 사용하여 안정적인 모습을 보여준다. 여기에는 황금비가 반영되었다.

이런 원 형태의 건축물을 지으려는 시도는 사실 과거에도 많이 있었다. 건축의 현대사를 통틀어 건축가들은 원형 건물, 원형 타워, 플라네타리움 및 극장 개발에 사용되는 돔 및 구체를 설계하고 실현해 왔다. 그러나 대부분 스케치에 그쳤고 정작 실현된 것은 많지 않다.

이곳에 상징적인 건축물을 만들어달라는 의뢰를 받았을 때 MZ건축사무소의 건축가 마르완 즈게이브는 고전 건축의 고요하고 이상적인 아름다움과 강렬한 표현력을 겸비한 단순한 건물, 지역에 대한 장소감과 정체성을 형성하는 건물, 아랍에미리트에 이미 있거나 등장할 다양하고 상징적인 다른 건축물과 경쟁할 건물을 만들기로 결정했다. 이 목적을 달성하기 위해 먼저 항해의 의미가 깊은 조개 껍데기와 기하학적 원형의 상징성에 영감을 받아 두 개의 거대한 원형 곡선 유리 벽을 상상해냈다. 이로써 아부다비에 4개의 축구장 면적을 가진 대담한 디자인의 둥근 마천루가 탄생한 것이다.

영화의 배경과 실제 건축물이 정확하게 일치하지는 않았지만 감독의 의도가 충분히 흥미롭게 다가온다. 이 영화는 건축에 관심 있는 사람에게 좋은 예시가 될 수 있다. 특히 중동을 산유국으로만 생각했던 사람이 있었다면 여러 도시들의 다채로운 건축물들을 보면서 새로운 이미지를 받아들이는 경험이 될 것이다.

알다르 본사 건물(Aldar Head Quarters Building)

이 건물은 중동에 최초로 등장한 원형 건축물로, 축구장 4개에 달하는 규모다.

우리는 영화 속에서 무엇을 발견하는가

영화는 재미있으면 된다. 동일한 영화라도 그 평가는 관객마다 다르기 마련이다. 그것은 각자의 관심사가 다르기 때문이라 생각한다. 아마도 영화 감독은 관객의 다양한 관심사를 최대한 만족시켜 주고 싶을지도 모른다. 그래서 명품 영화는 디테일이 다르다. 영화감독은 영화 장면장면마다 적합한 배경을 찾기 위해 노력하고 촬영 장소를 옮겨 다니면서 액션을 외칠 것이다. 관객이 이 부분까지 인지한다면 감독은 자신의 의도를 알아주었다며 기뻐할 것이다. 감독이 기뻐하고 출연자가 기뻐하고 그리고 관객이 기뻐하는 영화는 유익하다.

대부분의 사람들은 자신의 관심사가 등장하면 빠르게 인지한다. 그리고 그 부분에 큰 점수를 줄 것이다. 건축을 하는 사람들은 물론 건축에 관심이 많다. 영화에 등장하는 건축물은 때로 값을 지불하고 촬영장소로 이용되거나 영화 내용에 적합한 배경으로 쓰려고 막대한 제작비를 들여 세트를 제작하는 경우도 많다. 그래서 관객이 이렇게 공들여 섭외하고 촬영한 건축물과 배경을 인식하지 못하고 지나친다면 안타까울 것이다.

건축을 전공하지 않았다고 해도 눈에 띄는 인테리어, 일반적이지 않은 건축 형태, 가구 또는 그림 등을 발견하고 이 모든 것이 영화의 한 부분이라고 생각한다면 그 영화는 다르게 기억될 것이다. 영화는 그냥 영화이다. 그러나 주인장이 밥상 위에 다양한 반찬을 놓아주었는데 한 가지 반찬만 먹는다면 아마도 그 밥상을 제대로 알지 못하는 것이고 주인장의 의도 또한 깨닫지 못하는 것이다. 아는 것만큼 보인다. 또 하나의 다른 시각은 그 본질을 깨닫는 데 도움이 될 것이다.

이미지 출처

건축, 감독의 의도를 반영하다

015p	©andras_csontos/Shutterstock.com
025p	©Gary Kasl/www.architecturaldigest.com
026p	©www.maiimvisionvillage.co.kr
029p	©www.maiimvisionvillage.co.kr
031p	©www.maiimvisionvillage.co.kr
032p	©IR Stone/Shutterstock.com
035p	©Tupungato/Shutterstock.com
036p	©www.hankooktire-mediacenter.com
039p	©Dragan Jovanovic/Shutterstock.com
	©Philip Bird LRPS CPAGB/Shutterstock.com
046p	©2p2play/Shutterstock.com
048p	©travelview/Shutterstock.com
051p	©Roy Harris/Shutterstock.com
054p	©Alexander Prokopenko/Shutterstock.com
	©Santi Rodriguez / Shutterstock.com
057p	©Ilari Nackel/Shutterstock.com
	©hydebrink / Shutterstock.com
063p	아래의 왼쪽 ©okanozdemir/Shutterstock.com

공간, 인물의 관계를 이어주다

068p	©yllyso/Shutterstock.com
079p	©Ritu Manoj Jethani/Shutterstock.com
095p	아래 ©Suratwadee Rattanajarupak/Shutterstock.com
098p	©Nejdet Duze /Shutterstock.com
101p	©tolga ildu /Shutterstock.com
105p	아래©79mtk/Shutterstock.com
106p	©Havoc / Shutterstock.com
112p	위 ©Photoillustrator/Shutterstock.com
116p	©lensfield/Shutterstock.com

스타일, 다양한 건축 양식들과 마주하다

124p	©Kristi Blokhin/Shutterstock.com
127p	©ko.wikipedia.org
129p	©en.wikipedia.org
131p	©ko.wikipedia.org
135p	©katatonia82/Shutterstock.com
136p	©Vadim Ovchinnikov/Shutterstock.com
142p	©pikselstock/Shutterstock.com
145p	©sRenata Sedmakova/Shutterstock.com
157p	아래 © 4H4 PH / Shutterstock.com
159p	©ClaudeH / commons.wikimedia
160p	©Songquan Deng/Shutterstock.com
	©Sean Pavone/Shutterstock.com
171p	©ena.skylifetv.co.kr
173p	©Nattee Chalermtiragool/Shutterstock.com
183p	©www.reemmall.ae
184p	©Heinrich van Tonder/Shutterstock.com
	©www.zaha-hadid.com